HISTOIRE DES STATISTIQUES DES ORIGINES AU XIXe SIÈCLE

Si les statisticiens m'étaient comptés…

Acteurs de la Science
Fondée par Richard Moreau,
professeur honoraire à l'Université de Paris XII
Dirigée par Claude Brezinski et Roger Teyssou

La collection Acteurs de la Science est consacrée à des études sur les acteurs de l'épopée scientifique moderne ; à des inédits et à des réimpressions de mémoires scientifiques anciens ; à des textes consacrés en leur temps à de grands savants par leurs pairs ; à des évaluations sur les découvertes les plus marquantes et la pratique de la Science.

Dernières parutions

Philippe DESHAYES, Gérard ENGRAND, Augustin MOUZE, Jean-Pierre RICHARD, *Accompagner l'entrée en recherche. Le séminaire « episteme »*, 2022.
Frédéric VIOUX, *La physique pour ceux qui n'aiment pas ça*, 2022.
Paul AVAN, *Giuseppe Tartini et le troisième son,* 2022.
Michel DUBUISSON, *Pierre-Charles-Alexandre Louis (1787 - 1872). Un médecin à l'aube de la médecine scientifique,* 2022.
Roger TEYSSOU, *Une histoire de la médecine (1500-1900)*, 2022.
Hugo PIERRARD, *La Pression atmosphérique et la santé. Une histoire de bulles*, 2021.
Guillaume REY, *Les stations en primatologie. Etude des cas de Makokou et Paimpont (1962-1989),* 2021.
Michel PINAULT, *Noël Bernard (1874-1911). Du maître des orchidées au pionnier de la symbiose végétale,* 2021.
Monica GINNAIO, *Sur les antidotes contre la peste, Écrits médicaux sur la peste XIVe-XVIIe siècles*, 2021
AMIC, *L'équilibre*, 2021.
Daniel BOIS, *L'information du vivant au numérique. L'homme face à la complexité*, 2020.
Frédéric TOURNIER, *Une vie à chercher*, 2020.
Robert LOCQUENEUX, *Les commencements du monde, de Moïse à Buffon*, 2020.

Roger Teyssou

HISTOIRE DES STATISTIQUES DES ORIGINES AU XIXe SIÈCLE

Si les statisticiens m'étaient comptés…

L'Harmattan

Du même auteur
aux éditions L'Harmattan

Une histoire de la médecine, 1500-1900, 2022.

L'affaire Semmelweis, un scandale sanitaire sans équivalent, 2020.

Variole : Théodore Tronchin et la grande aventure de l'inoculation, 2019.

Nouveau dictionnaire mémorable des remèdes d'autrefois, 2018.

Jérôme Fracastor, de la nature des choses à la nature des germes, 2017.

La thérapeutique de Fracastor, lexique des médicaments, 2017.

Jean Wier, Des dieux, des démons, des sorcières, 2016.

Orfila, le doyen magnifique et les grands procès criminels au XIXe siècle, El decano magnifico, 2015.

Freud, médecin imaginaire ... d'un malade imaginé, 2014.

Une histoire de la circulation du sang, Harvey, Riolan et les autres ... Des hommes de cœur, presque tous, 2014.

Paul Sollier contre Sigmund Freud, l'hystérie démaquillée, 2013.

Gabriel Andral, la médecine dans le sang. Un pionnier de l'hématologie, 2012.

Charcot, Freud et l'hystérie, 2012.

L'aigle et le caducée. Médecins et chirurgiens de la Révolution et de l'Empire, 2011.

Une histoire de l'ulcère gastroduodénal. Le pourquoi et le comment, 2009.

Dictionnaire des médecins, chirurgiens et anatomistes de la Renaissance, 2009.

Dictionnaire mémorable des remèdes d'autrefois, 2007.

Quatre siècles de thérapeutique médicale du XVIe au XIXe siècle en Europe, 2007.

La Médecine à la Renaissance, 2002.

5-7, rue de l'Ecole-Polytechnique, 75005 Paris
http://www.editions-harmattan.fr
ISBN : 978-2-14-027244-8
EAN : 9782140272448

Le rapport de la raison et de l'ordre est extrême. L'ordre ne peut être remis dans les choses que par la raison, ni être entendu que par elle : il est l'ami de la raison et son propre objet. Bossuet.

Si j'avois les mains pleines de vérités, je ne les ouvrirois pas ; l'homme n'est pas fait pour connoître la vérité, & l'anathème est prononcé contre celui qui la découvre. Moheau Jean-Baptiste, *Recherches et considérations sur la population de la France*, Paris, 1778.

La statistique est un procédé méthodique qui consiste à compter des faits représentés par des unités, à chercher la proportion relative de deux ou plusieurs séries de ces unités, à calculer d'après ces nombres proportionnels, soit le rapport de fréquence des faits accomplis, soit les chances d'un événement à venir. Casimir Broussais, *De la statistique appliquée à la pathologie et à la thérapeutique*, thèse du concours pour la chaire de pathologie interne, Paris, 1840.

La statistique est tout autre chose : une méthode de raisonnement permettant d'interpréter le genre de données très particulières qu'on rencontre notamment dans les sciences de la vie, dont le caractère essentiel est la variabilité. Daniel Schwartz, *Méthode statistique à l'usage des médecins et des biologistes*, Paris, 1963.

Ich glaube keiner Statistik, die ich nicht selbst gefälscht habe (Je ne crois à aucune statistique que je n'ai pas falsifiée moi-même), Otto Dibelius (1880-1967), évêque luthérien allemand, le 31 janvier 1967. Réflexion attribuée à tort à Churchill.

Avant-propos

Les statistiques se sont développées en ayant pour objectif de résoudre des problèmes de population et d'économie : dénombrer les individus et inventorier leurs biens, déterminer combien ils en possèdent et comment ils les emploient, les sociétés humaines l'ont fait avant même de savoir écrire ! En somme la statistique raconte la vie des hommes, elle concerne toutes les catégories d'individus, elle est du ressort de ceux qui nous gouvernent et surtout elle a trait à ceux qui sont gouvernés et qui souhaiteraient savoir où on les dirige ! Jean Bodin écrivait : *Il n'y a richesse ni force que d'hommes.* Les administrations ont un ardent besoin de renseignements militaires et fiscaux.

Trois étapes caractérisent l'évolution du décompte des personnes et des patrimoines : initialement, on dénombre les populations ; ensuite, avec la sophistication progressive des calculs, on évalue le socle sociétal et moral des communautés humaines ; puis, devant les progrès du savoir scientifique, de l'industrialisation et de l'urbanisation, l'emprise de l'état se fait de plus en plus puissante et la spécialisation de plus en plus prégnante. Chaque pays, France, Angleterre, Allemagne, Scandinavie, nations d'Europe centrale, a sa spécificité, et donne la préférence à la chronologie, à l'économie, à l'éthique, à la démographie ou à une méthode d'investigation qui privilégie les enquêtes, les inventaires descriptifs, les calculs estimatifs des mouvements ou des dépôts de marchandises. La France diversifie ses choix ; l'Angleterre préfère étudier des données précises comme les prix et la démographie ; l'Allemagne amalgame différentes informations rapprochant revenus, patrimoine et peuplement, la Russie recourt aux *zemstvos*, assemblées provinciales, installées en 1864, et qui jouent un rôle social et économique important. Tous ces états confient ces tâches à des structures administratives qui ont en commun d'établir des inventaires et de les publier, soit à destination de leurs ministères de tutelle, soit, censurées ou pas, au grand public, soit les deux à la fois.

Comme le souligne Roger Mosle, les premiers registres paroissiaux ne sont pas utilisés dans le but de satisfaire l'insatiable curiosité de l'administration pour le patrimoine des paroissiens et leur diffusion ne dépasse pas les murs des presbytères. En revanche, en dehors des baptêmes qui sont gratuits, les autres cérémonies sont une source de revenus pour les curés : mariages, enterrements. Le but canonique est également évident ne serait-ce que pour révéler des liens de parenté ou une appartenance à une autre religion interdisant un mariage. Les évêques veillent à l'observance de ces règles et sanctionnent leur transgression.

La démographie repose sur une double base, l'état civil et son registre de la population, d'une part, le recensement général de cette même population, d'autre part.

Les recensements sont relativement récents : seconde moitié du XVIIIe siècle. Les relevés de population sont plus anciens mais irréguliers et sommaires : c'étaient des dénombrements.

Les véritables motifs de ceux qui les pratiqueront furent et continuent d'être économiques, fiscaux et militaires. En dehors de *l'austère nudité des chiffres*, comme dit André Vessereau dans la *Statistique,* ouvrage paru en 1947, elle reflète un dénombrement qui concerne pour une large part l'humanité et le monde vivant. On veut connaître le nombre de contribuables de telle ou telle catégorie, celui des héritiers, celui des individus susceptibles d'être convoqués pour prêter serment, celui des citoyens pouvant être enrôlés dans l'armée, celui des indigents qu'il faudra nourrir en cas de famine ou dans l'éventualité d'un siège, celui des chrétiens en âge de communier, celui des émigrés en situation irrégulière, celui des minorités et de leur poids démographique, etc. Toutes ces données sont des instruments de pouvoir quelle que soit l'autorité qui les détient : religieuse, monarchique, totalitaire, démocratique…

Les affinités entre la statistique et la politique sont tellement évidentes que nul ne contestera que cette science du dénombrement fait partie intégrante du pouvoir décisionnel des gouvernements. La statistique valide et justifie les actions du pouvoir. À ce titre, elle peut mentir et devenir un redoutable outil d'oppression !

Elle joue un rôle analogue dans ses applications aux sciences de la nature attestant et aidant au raisonnement par récurrence, permettant choix, projections et déductions. Mais alors que l'éthique peut être totalement absente du politique, en principe, elle a sa place dans la recherche scientifique. Mais en théorie seulement.

Les données quantitatives apportées par la démographie exigeant d'être figurées de façon claire et concise, la méthode mathématique s'imposait. Mais alors que les calculs sont simples quand il s'agit d'un recensement, les choses se compliquent quand il faut collecter l'ensemble des phénomènes sociologiques d'une population et faire des prévisions. Cela exige des faits homogènes, bien définis, en grand nombre et sur une longue période. L'invention des logarithmes, providentielle pour le calcul des probabilités, était en gestation dans l'ouvrage du médecin lyonnais Nicolas Chuquet (1445-1500). Son œuvre rédigée en 1484 ne sera publiée qu'en 1880 : le *Triparty en la science des nombres* jette également les fondements de l'algèbre. C'est néanmoins Jules Napier, plus connu sous le nom de Neper (1550-1617), qui garde la priorité de la découverte jusqu'à cette date, en éditant son *Logarythmorum Canonis descriptio* en 1614. Les logarithmes népériens ont des applications très nombreuses en mathématiques appliquées et en statistique. Ils permettent par exemple de calculer le nombre d'années (ou d'unités de temps) nécessaires pour qu'un capital actualisé investi à un taux fixe *t* soit égal à une valeur fixée.

Mais, à la fin du XIXe siècle, l'économie mathématique se heurte à l'incapacité d'appliquer la méthode expérimentale au calcul statistique, à l'infinité des éléments explicatifs, aux fluctuations des individualités, aux inexactitudes des mesures. La différence entre les économistes mathématiciens et les économistes statisticiens est à l'époque considérable : les premiers rejettent toute loi déductive basée sur des principes généraux a priori ; les seconds se cantonnent dans des recherches savantes, concrètes et pragmatiques, dominées par l'observation et la description.

La querelle entre Adrien-Marie Legendre (1752-1833) et Carl Friedrich Gauss (1777-1855) repose sur le fait que tous deux exposent la méthode des moindres carrés qui permet de comparer des données expérimentales, comportant ordinairement des erreurs, à un modèle mathématique supposé décrire ces données et permettant d'en atténuer la portée. Cette controverse sera la question cruciale des mathématiques statistiques au XIXe siècle. Incontestablement, la clarté du texte de Legendre surclasse celui de l'exposé de Gauss qui estime de son côté que cette méthode est *un des problèmes les plus importants de la philosophie naturelle*, mais qui semble néanmoins avoir la priorité avec sa découverte de l'orbite céleste de Cérès.

Le plan de ce livre repose sur l'ordre chronologique et géographique car tous deux mettent en valeur l'apport grandissant au fil des siècles d'individualités comme celles de Stevin, Graunt, Pascal, Vauban, Arbuthnot, Moheau, Jurin, Bernouilli, Euler, d'Alembert, Laplace, Poisson, Cournot, Pearson, Villermé, Louis, Gavarret, Quetelet, Bouillaud ou Boudin et tant d'autres ! La filiation logique, la valeur et l'impact du calcul des probabilités et de la statistique mathématiques perdront un peu de leur froideur à travers les personnages qui les ont imaginées, élaborées ou perfectionnées, chacun dans son pays d'origine.

Nous ne dépasserons pas l'année 1900, le seul but de ce travail étant de remonter aussi loin que possible dans le passé pour découvrir les racines de cette science dans les arcanes de l'histoire de la démographie et de la médecine, son aboutissement coïncidant avec les progrès de la spécificité et l'avènement de la méthode expérimentale. En effet le XIXe siècle est l'époque où l'on passe du simple chiffrage à l'interprétation des rapports entre les faits observés.

Deux de nos ouvrages nous y ont incité : *Variole : Théodore Tronchin et la grande aventure de l'inoculation*, avec les études statistiques de Bernouilli et de d'Alembert puis *L'affaire Semmelweis, un scandale sanitaire sans équivalent*, où les statistiques du *Kinbettfieber*s, en 1861 non seulement ne convainquirent pas ses collègues accoucheurs mais sans doute, par leur aridité, en découragèrent beaucoup !

Antiquité

Selon Moreau de Jonnès (1778-1870), *les premiers peuples de l'antiquité se sont servis de la Statistique, pendant tous les cours de leur existence séculaire, comme d'une science politique, administrative, économique, nécessaire, essentielle, indispensable à l'action des gouvernements, et à l'amélioration des sociétés.*

Dans la deuxième moitié du IVe millénaire av. J.-C., la civilisation sumérienne, à l'extrême sud de la Mésopotamie, actuel Irak, a laissé de nombreuses tablettes d'argile couvertes d'écriture cunéiforme révélant un système de numération perfectionné : cadastres, inventaires de récoltes, messages ou contrats entre marchands. Il est possible que cette comptabilité écrite ait précédé la transcription du langage parlé.

En Chine, l'enregistrement des naissances remonterait au IIe siècle av. J.-C. selon le Livre des rites. Les livres connus sous le nom de Skiu-king mentionnent le roi divinisé comme maître des eaux, Yu. Vers l'an -2258, il aurait entrepris d'établir les frontières de l'Empire et de répartir l'impôt avec équité. Il divise le territoire en neuf provinces, décrit les cours d'eau, les reliefs, la nature des sols, les productions artisanales et agricoles des diverses régions et donne des chiffrages pour chacune de ces rubriques. Les recensements auraient été pratiqués avant même la fondation de l'Empire. Entre le V^è^ et le IIIe siècle av. J.-C., époque des royaumes combattants, les dirigeants doivent impérativement connaître la composition et le nombre des habitants pour des raisons d'effectifs militaires et de prélèvements fiscaux. Les mêmes préoccupations politiques et économiques de 206 à 220 av. J.-C. expliquent les dénombrements de population à l'époque des Han. Plus tardivement, à l'époque des Trois Royaumes, des dynasties des Chin, des Sui, des Tang, chaque année les familles remplissent des déclarations mentionnant leur composition et le domaine qu'elles exploitent. Ces informations sont récoltées par une administration qui les collige et en publie des résultats triennaux. Avec les Sung (960-1279) la fiscalité est réformée et l'évaluation des revenus devient forfaitaire.

Le Japon procède à son premier recensement en 86 av. J.-C., sous l'empereur Soujin. L'empereur Inkyõ (412-453) réforme les recensements dans lesquels on inclut les étrangers venus de Chine. Kôtoukou, empereur de 645 à 654, centralise les services du recensement des populations et en confie l'administration aux gouverneurs provinciaux, les enlevant aux chefs régionaux. Ces dénombrements sont effectués tous les six ans. Enfin, l'empereur Tenchi (662-671) modifie les registres qui inventorient le sexe, l'âge, la fortune et l'imposition des sujets de l'empereur et y inclut les individus errants. Les personnes sont catégorisées en six groupes selon l'âge : moins de 3 ans : les enfants ; de 3 à 16 ans : les jeunes ; de 16 à 20 ans : les moyens ; de 20 à 60 ans : les adultes ; de 60 à 65 ans : les vieillards ; après 65 ans : les anciens.

Aux Indes, c'est un code civil et religieux, le Darma-Sostra, attribué à Manu, personnage symbolique, qui règlemente la conduite du souverain et de ses ministres : ils doivent recueillir toutes les données leur permettant de se défendre contre leurs ennemis et de répartir équitablement l'impôt. Le domaine de leurs investigations est immense. Au 4e siècle av. J.-C., Kautilya ministre du roi Candragupta, empire des Maurya, est l'auteur d'un ouvrage de science politique qui expose les techniques de recensement.

En Amérique du Sud, Montezuma possède cent grandes cités dont il reçoit les tributs. Il connait l'état des finances de son empire et en recueille les données dans des registres peints. Les Incas possèdent un comptage d'une grande complexité et utilisent pour cela des cordons de différentes couleurs avec des nœuds, appariées diversement, les *quipus* : en haut, un nœud signifiait 10 000 ; plus bas, 1 000, puis 100, 10 et enfin 1. Ils dénombrent ainsi la population des diverses localités, par sexe, par âge, par condition sociale et obtiennent des évaluations sur les récoltes. Ils tiennent aussi des répertoires pour connaître les effectifs des garnisons, les munitions, les approvisionnements et d'autres données concernant l'administration civile et militaire.

Hérodote dans *L'Enquête*, nous apprend que la Perse, sous Darius, aurait soumis quelques cités grecques conquises à une contribution de guerre et connaissait le cadastre, ce qui lui permettait de répartir l'impôt en proportion de la fortune immobilière de ses sujets.

Le même Hérodote, à propos de l'Égypte, nous apprend que les pharaons connaissent le cadastre depuis trente-cinq siècles, pratiquent des recensements tous les ans et tiennent à jour un inventaire de l'état de leurs forces militaires et de leur fiscalité. Ils ont appris de longue date et par une ancienne expérience que les récoltes de blé sont tributaires de la hauteur de l'inondation due à la crue du Nil : 12 coudées, c'est la famine ; 13, la disette ; 14, l'espérance ; 15, la certitude d'une récolte ; 16, l'abondance et la liesse populaire (la coudée correspond à 50 cm). Selon Moreau, l'Égypte pratique depuis trente ou quarante siècles toutes les opérations de la quantification moderne, le cadastre des terres agricoles, les recensements de la population par caste, par classe d'individus, par sexe, par âge, par profession, par nature des revenus. L'étude des mouvements de population dénombre, par localité, par sexe, par année, parfois par jour, le nombre des naissances. Une statistique usuelle examine les transactions de la vie civile et domestique, les acquisitions ou les livraisons de grain, de bétail, de vin, de vivres donnés aux ouvriers, un scribe transcrivant toutes ces données.

Les Hébreux, à travers le *Livre des nombres*, décrivent le dénombrement qui se déroulera deux années après l'exode, vers 1200 avant J.-C., sur l'injonction de Yaweh qui ordonne à Moïse de déterminer le nombre d'hommes susceptibles de porter les armes mais également prêts à accomplir leur devoir de contribuable. Un second recensement aura lieu après la paix de Phineas, troisième grand prêtre des Hébreux, paix accordée par Yaweh pour le récompenser d'avoir tué deux adorateurs de Belphégor. Les deux recensements donnent des chiffres assez proches : 603.550 hommes pour le premier et 600.730 pour le second. Le Pentateuque nous révèle qu'il y eut trois comptages de la population : le premier avant la sortie d'Égypte ; le second au pied du Sinaï ; le troisième avant d'accéder aux rives du Jourdain. Ces estimations permettent de connaître le nombre d'individus susceptibles de guerroyer. Ces dénombrements sont tantôt permis par Dieu, tantôt interdits : ainsi David, au IXe siècle avant J.-C., comme le rappelle le livre 2 de Samuel, subit le courroux divin pour avoir décrété de son propre chef, un recensement qui durera neuf mois et vingt jours. Yaweh, courroucé, lui donne le choix entre trois châtiments : la famine pendant sept ans, la fuite devant l'ennemi pendant trois mois ou la peste durant trois jours ! Les livres d'Esdras, Noémi, Josué parlent de la distribution des terres entre les tribus selon leur population. Moreau estime que le peuple hébreu *a conservé les qualités originelles et distinctives dont le Pentateuque portait témoignage, il y a 4000 ans ... L'esprit calculateur, qui fit des Hébreux les premiers statisticiens du monde, fait encore de leurs enfants les premiers banquiers d'Europe, après une succession de plus de cent trente générations*.

Les Grecs et les Romains procèdent régulièrement à des recensements.

Platon promeut les idées universelles aux dépens de la réalité matérielle la rendant inaccessible au sensoriel et à la science : tout est ramené au calcul mathématique et à des raisonnements reposant sur des idées reçues déductives, source d'un rationalisme rapidement pluraliste. Il se félicite dans son *Livre des Lois*, que la république de Sparte ait établi la parité des patrimoines en répartissant en parts égales les terres de Laconie conquises. Hérodote et Plutarque rappellent que le législateur Lycurgue, après mesurage des sols et dénombrement de la population, répartit équitablement entre les habitants les surfaces des propriétés en calculant le rendement de chaque parcelle en céréales et en fruits.

Sans procéder à de véritables évaluations, les Athéniens exigent que les enfants soient présentés à la tribu par leurs parents et attestent que leurs ancêtres bénéficiaient du droit de Cité. À 17 ans, les jeunes gens sont inscrits sur les registres de leur territoire et peuvent très bien en être exclus.

Aristote et ses émules récusent l'existence des idées platoniciennes et leur préfèrent la connaissance du réel par le sensoriel et l'observation. Aristote dans son traité de la *Politique*, peut être considéré comme un précurseur des statisticiens allemands des XVIIe et XVIIIe siècles. Le Stagirite, dans *La science économique,* définit ainsi l'administration des gouvernants qui, pour lui, repose sur six espèces de revenus : le revenu territorial, le plus fiable, comprend les produits du sol, les bénéfices du commerce, les revenus des impôts, des troupeaux, les produits de diverses industries. Ce revenu territorial, est appelé tribut foncier ou dîme. La seconde espèce comprend l'or, l'argent, tous les produits naturels. La troisième espèce est constituée par les bénéfices du commerce. La quatrième renferme les revenus des champs et des marchés. La cinquième comprend les troupeaux : on la dénomme *épicarpie* ou dîme. La sixième, enfin, se compose des revenus des capitaux et des industries manuelles.

Les Athéniens ignorent cadastre, recensements, registre d'état civil. Néanmoins, ils connaissent le nombre de naissances et de décès car ils doivent offrir à Minerve une mesure de froment par naissance et une mesure d'orge par décès.

Platon dans les *Lois* et la *Républiqu*e, Aristote dans la *Politique*, Hérodote et Thucydide, dans leurs *Histoires*, montrent qu'ils connaissaient la géographie physique, ethnique et économique des diverses régions qu'ils citent ou décrivent.

Les Romains ne sont pas en reste puisqu'on attribue deux recensements à Romulus avec attribution à chaque citoyen d'un lot de terre cultivable de cinquante ares. Les recensements, très traditionnelle institution romaine, remonteraient à Servius Tullius (578-534 avant J.-C.) qui aurait ordonné aux habitants d'élever un autel dans chaque localité sur lequel ils déposeraient une pièce de monnaie différente selon qu'elle serait offerte par un adulte ou un enfant. Reprenant une procédure inventée par les Grecs, il aurait décrété qu'à chaque naissance, chaque décès, chaque prise de toge virile, les citoyens verseraient une somme d'argent au trésor de la vieille divinité romaine des funérailles, Libitina. Chaque habitant de l'*Urbs* doit donner son nom, la valeur de son patrimoine sous la foi du serment, l'état civil de ses parents, femmes et enfants, sous peine du fouet, de la confiscation des biens, de l'emprisonnement. Tite-Live raconte les conditions dans lesquelles se déroule le dénombrement de 203 avant J.-C : *Les censeurs ... mirent aussi un nouvel impôt sur le sel : jusque-là cette denrée n'avait été que de six deniers, à Rome, et dans toute l'Italie ; ils la laissèrent, à Rome, au même taux ; mais la portèrent à des prix plus ou moins élevés, dans les villes, foires et marchés ... Le dénombrement se fit plus tard que de coutume, parce que les censeurs envoyèrent des émissaires dans les provinces, pour connaître partout, d'une manière positive, le nombre des citoyens romains dont les armées étaient composées. Le total, y compris les soldats, s'éleva à deux cent quatorze mille hommes ; le lustre* (5 années) *fut fermé par C. Claudius Néron. Les censeurs entreprirent alors, pour la première fois, le dénombrement des douze colonies qu'ils se firent donner par les censeurs des colonies mêmes, et l'on consigna, dans les registres publics, comme monument durable, ce que chacune avait de soldats et de revenus. On procéda ensuite au cens des chevaliers ; et, par l'effet du hasard, chacun des censeurs avait un cheval entretenu par la république.* (Tite-Live, *Histoire romaine, Traduction nouvelle par MM. A.A.J. Liez*, **11**, XXIX, 37, Paris, 1834). Sous la République, les fonctionnaires qui appliquent ces mesures sont donc les censeurs : on voit dans ce passage que non seulement ils possèdent le pouvoir d'inventorier les ressources humaines de l'empire mais aussi de créer de nouvelles taxes. Les empereurs garderont la fonction, la prenant en main autoritairement. Lactance écrit à ce propos : *Ils mesuraient les terres et les vignes, comptaient les arbres, celui des animaux de toutes races, prenaient les noms de tous les habitants. Chacun se présentait avec ses enfants et ses esclaves, et les recenseurs inscrivaient toute chose. En cas de doute, ils obligeaient les enfants par la torture, à témoigner contre leurs parents, les esclaves contre les maîtres, les femmes contre leurs maris.*

Auguste (63 avant J.-C. à 14 après J.-C.) qui règne sur l'empire de 27 avant J.-C. jusqu'à 14 après, généralise le dénombrement à toutes les provinces et le renouvelle trois fois sous son règne, en -28, en -8 et le dernier en +14 de l'ère chrétienne. On évalue alors à 4 137 000 le nombre de citoyens susceptibles de porter les armes. Le Nouveau Testament relate comment Marie et Joseph, pour obéir au deuxième recensement, se rendent à Bethléem où Jésus vient au monde. Louis Auguste Blanqui (1805-1881) nous apprend qu'à Rome : *La statistique vient en aide à l'administration. On sait le nombre des propriétaires fonciers, celui des soldats, des esclaves, des affranchis. Les impôts sont levés avec plus d'ordre, de discernement et d'impartialité. Le droit de succession est fixé au vingtième ; une taxe générale de consommation d'un pour cent atteint toutes les denrées. Les douanes, ce poison si doux et si fatal en même temps à l'industrie moderne, sont organisées sur le pied le plus rigoureux, non pas à titre de protection, mais comme moyen de revenu ; les matières premières y sont sujettes ainsi que les marchandises. On remboursait les droits en cas de réexportation, faute de vente ...*

Marc-Aurèle (121-180) rend obligatoire l'enregistrement devant témoins des nouveau-nés, démarche facultative déjà apparue à la fin de la république. Ces documents mentionnent vraisemblablement l'âge des parents et la filiation. Mais c'est Justinien (482-565) qui, dans le cadre de sa réforme du droit romain, crée les *tabulae matrimoniales* qui authentifient les mariages au nom de l'état. C'est à cette époque qu'apparaissent les tables d'Ulpien, qui permettent de calculer la valeur des rentes viagères à intégrer dans le passif des hoiries et apprécient leur valeur selon l'âge du bénéficiaire.

On trouve dans le *Discours sur les améliorations progressives de la santé* de Frédéric Bérard, 1826, ce passage : *Voici la table des probabilités de la vie humaine chez les Romains, dans le troisième siècle de l'ère chrétienne, table calculée par Domitianus Ulpianus, premier ministre d'Alexandre Sévère* (208-235), *et rapportée d'après Emilius Macer* :

De 0 à 20 ans, 30 ans
De 20 à 25, 28.
De 25 à 30, 25.
De 30 à 35, 22.
De 35 à 40, 20.
De 40 à 45, 18.
De 45 à 50, 13.
De 55 à 60, 7.
De 60 à 65, 5.

Cette table a été tracée d'après celles de recensement (tabulae censuales) et les registres de puberté, de virilité, de décès, par âges, par sexes, nature des maladies, etc., tenus, dit-on, par les Censeurs, avec une rigoureuse exactitude, depuis Servius Tullius jusqu'à Justinien, ce qui comprend dix siècles consécutifs. D'après ces mille ans d'observation, terme plus que suffisant pour l'établir, Ulpius fixe la vie moyenne de ce tems à trente années.

Moyen Âge

Le Moyen Âge est nominaliste avec Roger Bacon, Albert le Grand et Thomas d'Aquin. Au fil du temps, les deux courants de pensée, rationalistes et nominalistes, fusionneront et permettront l'apparition d'une science statistique arithmétique en Angleterre puis en Europe occidentale. Il n'en sera pas de même en Allemagne et en Europe de l'Est où un nominalisme intransigeant persistera.

Le courant nominaliste sera représenté notamment par le franciscain Guillaume d'Occam (1285-1347) et aboutira au codage des éléments singuliers qui permettra d'élaborer, au Siècle des Lumières, des nomenclatures en sciences naturelles et, plus tard, au XIXe, d'obtenir des moyennes statistiques. Occam, paradoxalement, pensait qu'il ne fallait pas multiplier les entités abstraites sans nécessité, principe de parcimonie, désigné plus tard comme le *rasoir d'Occam* qui élimine les explications improbables d'un phénomène.

Les invasions barbares slaves et gothiques font disparaître la pratique du recensement. Elle ne réapparaît qu'avec Charlemagne. Il exige qu'à partir de 12 ans chaque individu de ses vastes territoires prête serment à l'empereur ce qui lui permet de connaître le nombre d'hommes susceptibles de faire des soldats. Les intendants des biens royaux recueillent les chiffres pour établir une statistique agricole approfondie. Il fait établir l'inventaire des biens de la noblesse et du clergé. Sous les Carolingiens, Childebert, conseillé par l'évêque de Tours, Eufronius, fait faire le dénombrement des sujets et des biens leur appartenant. Un siècle plus tard, en Angleterre, Alfred le Grand fait établir le bilan des ressources de l'État, suivi par Guillaume le Conquérant qui procède à son grand inventaire du *Domesday book* qu'il termine en 1086. Ce dénombrement a pour seul objet d'inventorier les biens de chacun pour pouvoir les taxer, sans aucun recours, ce texte ayant force de loi !

Sous Philippe II Auguste (1165-1223), en dehors de l'interminable liste des services en nature comme les corvées ou les périodes de service dans les milices, les revenus extraordinaires de la couronne proviennent en majorité des impôts directs : décimes, cinquantièmes et centièmes, aides extraordinaires… Sous Philippe IV le Bel (1268-1314), on y ajoute les moyens exceptionnels comme la confiscation des biens des juifs ou des Lombards, les contributions de guerre. Le premier roi de la dynastie des Valois, Philippe VI (1294-1350), souverain qui, succédant à Charles IV, mort sans héritier mâle, inaugure la querelle dynastique qui l'oppose à Edouard III d'Angleterre, petit-fils par sa mère de Philippe Le Bel. Ce sera l'origine de la guerre de Cent Ans ! *L'État des paroisses et des feux* de 1328 est ordonné par ce monarque pour obtenir des rentrées fiscales destinées à subventionner l'expédition des Flandres contre Louis de Nevers, campagne qui se soldera par la victoire des Français à Cassel en 1328. La substance de ce document doit sans doute être cherchée dans les registres des paroisses. Charles VIII organise en 1492 un dénombrement général des feux : on n'en trouve aucune trace dans les archives et il est vraisemblable qu'il n'aboutira pas en raison des particularismes régionaux.

Ferdinand II d'Aragon, en 1474, 1482, 1492, décide un recensement de la population.

Au treizième et au quatorzième siècle, de nombreux documents permettent d'évaluer approximativement la démographie et la vie économique des régions : cartulaires, livres terriers (registre contenant les lois et usages d'une seigneurie, la description des droits des personnes et les redevances auxquelles elles sont soumises), compoix (répartition des impositions sur les fonds d'une communauté), pouillés (dénombrement de tous les bénéfices d'un diocèse, d'une abbaye …), polyptiques (même sens que pouillé), aveux (acte établissant une vassalité) et dénombrements (déclaration écrite procurée par le vassal, des héritages, cens et autres droits qu'il tient de son seigneur), censiers (livre d'enregistrement du cens), comptes de fouager (redevance féodale exigée pour chaque feu sur les biens roturiers), les rôles d'imposition … Ces derniers, distribués par feux, permettent une estimation approximative des populations.

Aux taxes en numéraire, s'ajoutent les amendes, la taille, ainsi que les frais pour les funérailles et les baptêmes qui obligent le paysan à vendre une partie de ses récoltes ou de son bétail pour obtenir des espèces. Il faut payer le cens chaque année pendant la période des moissons, ou l'aumône pour l'église prélevée sur le produit du travail paysan et qui sert à couvrir les frais de la paroisse locale, l'entretien de l'Église et pour alimenter les secours aux nécessiteux. Elle représente un dixième de tous les revenus paysans et elle est prélevée par l'église contre la promesse que Dieu la rendra au centuple.

Par exemple, pour la seigneurie de Ginasservis, proche de Brignoles dans le Var, recensée dans le registre papal de 1338, on voit que le cens rapporte au seigneur cent soixante-quatre setiers de froment, deux cent trente-huit de seigle, vingt d'avoine, soixante-quatre d'orge et la dîme cent soixante setiers de froment. Le registre de visite des seigneuries ecclésiastiques dépendant des trente-deux commanderies de l'Ordre de Saint-Jean-de-Jérusalem, implantées dans le sud-est, détaille assez bien le système de plus-value seigneuriale réalisée sur la production paysanne. Le seigneur ne dépense pas la totalité de ce qu'il prélève, ce qui lui laisse un important excédent et lui permet un train de vie très supérieur à celui de ses assujettis. Il peut ainsi se livrer à une activité commerciale lucrative essentiellement vers la méditerranée.

En revanche, à côté des terres exploitées, existent des régions qui appartiennent à la communauté et dépendent du droit public commun. Ce sont les zones de circulation, de cueillette, de chasse ou de pâture des bestiaux amenés par leurs propriétaires. Ainsi, les routes, les voies publiques, les rivières et les étangs, les fontaines, les prés, les pâturages, la forêt et les garrigues correspondent à des zones laissées librement à l'usage de la communauté dans son ensemble et sans, a priori, de spécificité particulière, vraisemblable survivance du haut moyen âge durant lequel les populations vivaient de la cueillette des châtaignes, des fruits, des champignons, de la récolte du miel, de la pratique de la chasse et de la pêche.

Les explorateurs, dont Marco Polo et Giovanni Villani, donnent des renseignements importants sur la situation politique et démographique de diverses régions d'Italie. Villani en 1338 évalue la population de Florence sur la consommation de pain de ses habitants. Il ajoute que, n'ayant pas de registre de baptême, la ville recommande au prêtre de mettre dans un récipient une fève noire pour un garçon, une fève blanche pour une fille ce qui permet d'établir une statistique selon laquelle il y a 106 garçons pour 100 filles ! Le même Villani note la présence à Lucques et à Florence de documents rapportant les recettes (taxes sur le sel, sur les marchandises, sur le vin, sur le bétail, sur la farine) et les dépenses publiques. Les choses évoluent et, vers la fin du quinzième siècle, la plupart des historiens signalent l'existence en Italie, de registres de naissances et de décès dans les églises. Des recensements se déroulent à Milan, en 1195, 1211 et 1247 ; un cadastre est créé à Gêne en 1214, à Bologne en 1235, à Parme en 1302, dans les états pontificaux en 1198 puis 1371.

Venise se distingue particulièrement. Ses relevés démographiques sont apparus précocement. Ils sont d'une qualité inégalée dans l'Europe de l'époque. République marchande très étatisée, tout ce qui est calcul comptable lui est familier et indispensable. Roger Mols croit déceler une influence byzantine dans la formulation de certains inventaires de population : on parle d'une *anagrafé* mot grec pour dénombrement. Venise tenait un registre des sujets de la République payant la dîme depuis 978 ! En 1278, un grand recensement est décidé par le Grand Conseil pour dénombrer la population. À la fin du XIIIe siècle, la cité des Doges possède un service de statistiques très organisé avec des collecteurs d'informations comme les curés ou des fonctionnaires spécialisés et un organe centralisateur qui contrôle et compare les informations récoltées. Un projet d'*anagrafé* est en partie rejeté par le Conseil des dix en 1440. À l'origine, il prévoit le décompte des habitants, leur âge, leur sexe, leur métier, leur condition sociale et leur pays d'origine. Venise qui commerce avec l'Inde, l'Arabie et l'Europe, exige, dès 1296, que tous ceux de ses citoyens résidant dans un pays étranger ou en revenant rédigent un rapport sur la situation politique et économique de ce pays, sur leurs besoins et sur les moyens de les satisfaire. En 1424 débute un recensement des hommes de 20 à 30 ans susceptibles de porter les armes. Le cadastre des maisons sera renouvelé en 1525.

Moins important et moins précis que celui de Venise, le *contado* de Florence, autrement dit son territoire administratif, comporte une documentation importante mais moins foisonnante, moins minutieuse et moins ancienne que celle de Venise. On ne peut déterminer exactement la date du premier cadastre (*estimo*) : 1343 ? 1351 ? Entre temps surgit la peste noire dont Boccace laisse une description réaliste. Néanmoins, que ce soit l'*estimo* qui touche tout le monde et permet de déterminer l'impôt foncier ou les *prestanziati* que certains sont dans l'incapacité d'acquitter, l'assiette de l'impôt ayant changé, il n'est pas possible d'appliquer des coefficients de réduction identiques. Florence réforme sa politique fiscale de 1427 à 1430. Il s'ensuit une multitude de documents sur la population toscane. Ces registres prennent en compte 60 000 ménages, leurs terres, leur bétail, l'argent investi dans le commerce et l'industrie, la dette publique. Pour justifier certains abattements, il faut connaître avec précision la composition des couples, l'âge de leurs membres, leurs ascendants et leurs descendants, leur bonne ou moins bonne constitution, leur métier ou leur activité. Cet effort remarquable restera sans lendemains. La mentalité de l'époque choisit le qualitatif plutôt que le quantitatif. Un citoyen toscan du 15e siècle n'imaginerait pas de faire un décompte des habitants de sa province qui mélangerait les religieux et leurs ouailles, les seigneurs et les laboureurs, les hommes libres et les esclaves ! Au demeurant, les ancêtres jouent un rôle déterminant. On descend forcément de quelqu'un qui vous légitime, essentiellement la lignée masculine : il est de mon sang socialement et familialement.

À peine les Arabes ont-ils conquis l'Espagne qu'ils font l'inventaire des caractéristiques géographiques, politiques et économiques du pays : relevé des côtes, cours d'eau, démographie, activités économiques, fiscalité : *enpadroniamentos* (rôles nominaux) recueillis par les califes de Cordoue dès le VIIIe siècle.

C'est l'Église qui se charge, dès le XIVe siècle de tenir à jour les 4 registres que tous les curés ont obligation de remplir : les baptêmes, les décès, les mariages et les subsides accordés aux fidèles en période de détresse ou de disette, aides qu'ils doivent rembourser quand la prospérité est de retour. La férule ecclésiastique s'abat sur les prêtres et les fidèles après les conciles de Salamanque en 1335 et de Tolède en 1339 qui préconisent aux curés sous peine d'excommunication de mentionner l'identité des paroissiens qui auraient refusé de recevoir les sacrements et d'en informer leur évêque ! Il est vraisemblable que les registres paroissiaux ont existé avant de devenir règlementaires, certains auteurs dont Mols mentionnant des grands livres et autres répertoires de mariage ou de baptême remontant au XIIIe et au début du XIVe siècle.

Renaissance

On trouve dans le *Traité de l'économie politique*, Rouen, 1615, d'Antoine de Montchrétien (1575-1621) cette remarque qui montre bien que non seulement les dénombrements étaient espacés mais que de nombreux contribuables échappaient à l'impôt : *Maintenant qu'en toutes Republiques il y a mille sortes d'impost, non connus, il semble estre beaucoup plus nécessaire que chacun donne son bien par déclaration et fasse connoistre quel est son revenu ; comme il se fit en Provence l'an 1411, comme depuis il fut ordonné par Edict du Roy François l'an 1534, et encore par un aytre de Henry II, comme pour mesme cause l'an 1516 fut fait le dénombrement et déclaration de tous les bénéfices de ce Royaume. Mais les changements survenus en requièrent de nouveaux ; car tel bénéficier paye plus de décimes la moitié qu'il ne doit, et tel autre n'en paye pas la trentième part de ce qu'il doit.*

Dès 1539, l'Ordonnance de Villers-Cotterêts oblige les prêtres à rédiger en français leurs registres et de les déposer au greffe du bailliage. L'administration de François Ier après le Concordat de 1516, veut garder le contrôle sur la vacance et l'attribution des bénéfices ecclésiastiques. L'ordonnance de Blois, promulguée par Henri III en 1579, renouvelle les recommandations de celles de Villers-Cotterêts souvent ignorées, mais ne semble pas avoir été mieux observée que cette dernière. En revanche, celle de Saint-Germain, en 1667, unifie les divers modes d'enregistrement et règle le problème du dépôt au greffe. Les curés entrent en conflit avec le pouvoir royal qui met en vente des offices de greffiers, gardes et conservateurs des registres de baptême, mariage et sépulture. Cette concurrence déloyale exacerbe l'animosité du clergé déjà tourmenté par les querelles idéologiques gallicanes et jansénistes. En 1736, une Déclaration Royale réforme le système : chaque paroisse aura deux registres des baptêmes, mariages et enterrements sur papier timbré ou papier simple ; ces trois évènements seront signés ; pour les actes de baptêmes sera mentionné l'état civil du baptisé, de ses parrains et marraines et des parents ; mêmes prescriptions pour les mariages ; les actes de sépultures seront signés. Ces prescriptions furent en vigueur jusqu'à la Révolution.

L'Europe protestante renforce l'enregistrement non seulement pour endiguer les dérives sectaires mais aussi parce que les autorités civiles y ont intérêt tant pour maintenir l'ordre public que pour évaluer la condition des personnes et des biens.

En pays catholique, l'enregistrement s'améliore avant même le début de la Réforme. Ainsi, dès 1509, en Avignon, on recommande aux curés, conformément aux statuts des consistoires, d'inscrire dans des volumes reliés et de grand format, le prénom et le nom de l'enfant baptisé, ceux de ses parrain et marraine, de ses père et mère, mais également le prénom et le nom de la personne décédée, l'identité des héritiers, la date du testament et le nom du tabellion qui l'a reçu. Un synode hongrois, à Veszprém, en 1515, commande aux prêtres d'inscrire dans un grand livre conservé à l'église, l'état civil du baptisé, de ceux qui l'ont tenu sur les fonts baptismaux, de ses géniteurs, le tout daté du jour de l'événement et précisant bien sûr la date de naissance du bénéficiaire du sacrement du baptême.

Le 22 mai 1542, pour répondre aux requêtes de Martin Luther et de Jean Calvin, le pape Paul III décide de convoquer un concile qui commencera à Trente, le 13 décembre 1545 et s'achèvera le 4 décembre 1563. Ses prescriptions ne se diffusèrent pas à toute l'Europe catholique. Mais, en 1614, le souverain pontife Paul V promulgua le *Rituel Romain* qui obligeait non seulement à enregistrer baptêmes, communions, mariages et enterrements, mais également à remplir un *Liber status animarum* précisant la façon d'inscrire les baptisés dans le premier livre, les confirmés dans le second, les mariés dans le troisième, l'état des âmes dans le quatrième et enfin les défunts dans le cinquième.

En Italie, ce dispositif est quelquefois augmenté par un récapitulatif qui totalise l'ensemble des fidèles ayant bénéficié de ces divers sacrements et du transfert à l'évêché de renseignements lui permettant de constituer des dossiers précisant l'état civil des futurs époux et leur statut vis-à-vis de l'institution ecclésiale, moyen de contrôler les données religieuses de la population.

En Belgique, les troubles politiques et religieux retardent l'application des recommandations envisagées au Concile de Trente. Peu à peu, aidé par la patience des évêques, on applique ces préceptes à la rédaction des divers actes d'état civil qui ne seront adoptés que dans la seconde moitié du XVIIIe siècle.

La Pologne tient des registres paroissiaux dès le XVIe siècle, avec rigueur dans les agglomérations, avec laxisme dans les campagnes, situation qui s'améliorera au XVIIIe siècle dans les régions annexées par la Prusse et l'Autriche.

En Hongrie, sous domination ottomane aux deux tiers, les seuls enregistrements obtenus au XVIe siècle concernent les baptêmes. Il faut attendre 1611 pour que les mariages le soient également. Le Rituel romain ne s'imposera qu'à partir de 1625. Le reflux des armées du sultan s'amorce après l'échec du siège de Vienne et la reconquête de la Hongrie coïncide dès 1681 à l'obligation pour les citoyens hongrois de se faire enregistrer par les curés. Les protestants déjà inscrits auprès des pasteurs, durent s'enregistrer auprès du clergé catholique, leur inscription au temple n'ayant pas de valeur légale.

Les décisions du Concile de Trente et les préceptes du Rituel Romain sont suivis à la lettre par l'Espagne qui n'avait pas attendu la Réforme pour enregistrer les baptêmes. Ces instructions sont appliquées dans les possessions espagnoles d'Amérique du Sud.

Les églises réformées ne sont pas en reste. En Suisse, que ce soit à Zürich avec Zwingli ou à Genève avec Calvin, le pouvoir religieux, appuyé par les conseils municipaux, inquiet de l'agitation due aux anabaptistes, veille à la tenue des registres de baptêmes et de mariages. En Allemagne, les autorités civiles se mêlent aux autorités religieuses pour édicter de semblables règles que le Danemark, la Suède et la Norvège n'adopteront qu'au début du XVIIe siècle. Les Pays-Bas en revanche, se rallient à ces mesures dès le XVIe siècle.

Seule la Saxe, en Allemagne, présente des registres antérieurs à la Réforme, encore sont-ils peu communs. C'est également dans cette région qu'apparaît le premier registre évangélique. Les recensements apparaissent dans plusieurs villes passées au protestantisme comme Nuremberg en 1524, Strasbourg en 1525, Constance et Francfort en 1531, en 1533 : Lindau. L'apparition de registres paroissiaux se multiplie avec les progrès de la Réforme en Saxe, en Silésie, en Franconie et dans le Wurtemberg. Sur le plan pratique, ces enregistrements facilitent l'identification de l'appartenance religieuse de chaque citoyen.

L'Angleterre, dès la décision d'Henry VIII de rejeter l'autorité du pape, ordonne avec Thomas Cromwell, la tenue dans toutes les églises de registres mentionnant la date des baptêmes, mariages, enterrements, documents enfermés dans des coffres à double serrure abrités dans l'édifice cultuel et tenus à jour de façon hebdomadaire par le pasteur. Une fois l'an, une copie est envoyée à l'évêque, prescription pas toujours observée par les intéressés …

Un livre paru en 1643 mais vraisemblablement écrit en 1564, le *Liber de ludo aleae,* fait surgir une des personnalités marquantes de cette époque, Jérôme Cardan (1501-1576). Cardan était un joueur invétéré et il est normal qu'il se soit intéressé à décrire différents jeux et à rédiger en même temps un traité du calcul des probabilités, tout particulièrement pour les jeux de dés. Pour la première fois il énonce le concept de probabilité comme le rapport des cas favorables aux cas possibles lorsque tous les cas ont des probabilités identiques.

Jean Bodin (1530-1596), publie *Les six livres de la république*, Paris, 1576, son ouvrage le plus connu, épais de 759 pages sans compter les 70 pages d'index alphabétique ! On y trouve des allusions à la politique fiscale de Rome souvent à la discrétion du souverain mais aussi des prérogatives des rois en France : confiscation des biens pour crime de lèse-majesté ou fabrication de fausse-monnaie ou hérésie. Dans le chapitre consacré à la censure, travail effectué dans l'Empire romain par les censeurs et qui consiste à évaluer les biens des citoyens pour établir leur assiette fiscale. Évidemment, peu de fonctions ont une utilité plus grande, *soit pour le nombre & la qualité des personnes, soit pour l'estimation, & déclaration des biens d'un chacun, soit pour reigler & morigerer les sugets. Et je m'esbahis comment une chose si belle, si utile & si nécessaire, est délaissée veu que tous les peuples Grecs, & Latins de tout ancienneté en ont usé : les uns tous les ans, dit Aristote, les autres de trois ou quatre, ou cinq ans, faisant l'estimation des biens de un chacun en particulier dequoi Demosthène ayant fait extrait aux papiers censiers disoit, parlant au peuple, que tout le revenu du territoire d'Atique montoit à soixante mille talents, ou trente & six millions d'escuz couronne.*

Roger Mols met en garde ceux qui interprèteraient la phrase de Bodin, *il n'y a de richesse ni force que d'hommes* comme une ébauche de la démographie. Celle-ci est une science récente qui repose sur trois domaines : 1° doctrines ou théories de la population, 2° publication officielle des relevés démographiques, 3° travaux démographiques proprement dits.

Felix Platter (1536-1614) lors de l'épidémie de peste à Bâle, en 1610, aurait établi un dénombrement, habitation par habitation, des malades qui meurent ou qui guérissent. Il compare ses résultats avec ceux des registres de mortalité : sur 6408 malades, 3968 décèderont, donnant un coefficient de mortalité de 232 pour 1000. *On peut en conclure*, précise Mols, *que pour tout le XVII*[e] *siècle, 9500 habitants de Bâle moururent de la peste, soit environ un sixième de tous les Bâlois qui vécurent au cours de ce siècle.* On trouve le récit de cette épidémie dans les *Mémoires de Felix Platter, médecin bâlois,* imprimées à Genève en 1866 : *Il me souvient que la première peste sévit en 1539, 1540, 1541 ... La deuxième peste eut lieu pendant les années 1550, 1551, 1552, 1553 ... La troisième peste, de 1563 à 1564, est appelée la grande mortalité ... Quoique grand, le nombre des victimes est incertain ... on parle communément de milliers et de milliers ... j'ai supputé que durant cette période le nombre de décès avoit dû être juste de 200 ... La quatrième mortalité eut lieu en 1576, 1577 & 1578 ... La cinquième mortalité eut lieu de 1582 à 1583 ... elle enleva beaucoup de mondes, 1095 individus à peu près ... La sixième mortalité éclata en 1593 & se prolongea jusqu'à la fin de 1594 ... Il est mort 524 personnes en 1593 & 902 en 1594 ... Si de ces nombres on déduit la moyenne des décès dans les années normales, savoir 250, on peut supposer qu'en 1593 l'épidémie a emporté 274 personnes & 652 en 1594 ; total : 926 individus tant jeunes que vieux. La septième mortalité (1609, 1610, 1611) commença en octobre 1609 ... en juillet l'épidémie se déclara tout à fait & avec une violence croissante. A partir du 12 d'octobre 1610, on enterra 250 & même 288 personnes par semaine ; enfin, en décembre, le fléau décrut de moitié & plus.*

En complétant cette récapitulation au moyen des registres de Saint-Théodore & de l'hôpital, je trouve que le nombre total des décès s'est élevé à 4049 ; il y eut 165 ménages où le mari et la femme moururent tous les deux.

Il y eut :	*Guérisons*	*Malades*	*Décès*
Dans les cinq faubourgs :	*1720*	*1146*	*574*
Dans le reste de la ville	*2990*	*1913*	*1077*
Dans le petit Bâle :	*1039*	*724*	*315*
A l'hôpital	*659*	*185*	*474*
Total	*6408*	*3968*	*2440*

Froumenteau ou Fromenteau est le surnom d'un publiciste huguenot dont le patronyme exact est inconnu, peut-être s'agit-il de Nicolas Barnaud, médecin alchimiste protestant originaire du Dauphiné ? Il est l'auteur d'un ouvrage intitulé *Le secret des finances de France, découvert et réparti en trois livres par N. Froumenteau ...,* Paris, 1581, livre dédié à Henri III et qui détaille les recettes et les dépenses du royaume sous les règnes d'Henri II, François II, Charles IX, Henri III. L'auteur expose les misères de la France et affirme qu'en trente et un an, de 1549 à 1581, les recettes s'élevèrent à 1.453.000.000 livres, les dépenses à 926.206.000 livres seulement et qu'en dépit d'un excédent de plus de 526 millions, il persistait un déficit abyssal ! Selon l'auteur, les statistiques des misères du royaume totalisaient 765.200 morts du fait des guerres de religion, 12.300 femmes ou filles violées, 128.256 habitations brûlées. On ignore les sources dans lesquelles l'auteur a puisé ses renseignements.

Simon Stevin (1548-1620), publie à Leyde *De Thiende* (la dîme) en 1585, ouvrage dans lequel il introduit les décimales en remplacement des fractions dans l'écriture arithmétique. Cette conception novatrice, qui consiste à élaborer un système de notation permettant d'unifier le domaine d'application des règles arithmétiques par un rapprochement avec celles qui s'appliquent aux nombres entiers, ne sera appliquée que deux siècles plus tard. Il s'exprime ainsi au début de son traité : *Mais d'autant que ceux-là sont plus dignes, & les voies pour y parvenir plus laborieuses, d'autant plus grande est cette discouverte DISME ostant toute ces difficultés. Mais comment ? Elle enseigne (à fin de dire beaucoup en un mot) d'expédier facilement sans nombres rompuz, tous comptes qui se rencontrent aux affaires des humains : de sorte que les quatre principes d'arithmétique que l'on appelle ajouster, soubstraire, multiplier & diviser par nombre entier, pourront satisfaire à tel effet : causant semblable facilité à ceux qui usent des gettons. SI par tel moyen sera sauvé, ce qui se perderoit autrement ; si par tel moyen sera osté labeur, noise, erreur, dommaige, & autres accidens communement ajoincts à ceux-cy, je le mets volontiers à vostre jugement. (Les œuvres mathematiques ... ou sont insérées les mémoires mathematiques esquelles s'est exercé le Très Haut & Très-illustre Prince Maurice de Nassau* ..., Leyde, 1634 : La Disme enseignant facilement expédier par nombres entiers sans rompuz, tous comptes se rencontrant aux affaires des hommes, **I**, p. 206).

XVIIe siècle

France : Montchrétien, Pascal, Vauban

Auteur du premier ouvrage portant le titre de *Traité de l'économie politique*, Rouen, 1615, le calviniste Antoine de Montchrétien (1575-1621) se fait le défenseur du travail obligatoire, de la distribution des richesses et de l'organisation de la production à l'échelle d'une nation. Son ouvrage traite des manufactures, du commerce, de la navigation et du gouvernement des pays. Il est partisan d'une réglementation des professions, d'une subvention de l'État pour créer des manufactures et d'une administration des douanes qui protège les intérêts économiques du pays. Bien avant Vauban, il demande la statistique et le dénombrement des ressources du royaume, seul moyen de recenser les biens et le revenu de chacun. On trouve dans ce *Traité de l'économie* des renseignements utiles sur l'état de la France au début du XVIIe siècle. Son ouvrage commence par une profession de foi en faveur du peuple : *Ce tiers ordre est composé de trois sortes d'hommes, les Laboureurs, les Artisans et les Marchans. Ceux-cy s'entretiennent et incorporent aisément, comme symbolisans en mesmes qualités et ressemblance de vie, de mœurs et d'humeurs, d'actions et de conditions. Imaginez-vous que ce sont les doigts d'une mesme main, que l'esprit de la nécessité publique fait diversement joüer, comme avecques un seul ressort ; les trois canaux de l'utilité commune, qui portent et versent l'eau dans les grandes places de vos cités, là où viennent abreuver tous les autres hommes : à l'entretien desquels les fontainiers publics doivent prendre garde de fort près, de peur que ceste humeur ne se perde soubs la terre par quelque pertuis, ou ne soit divertie ailleurs. Parmi ces trois sortes d'hommes se pratiquent les arts effectifs, que l'on appelle vulgairement mechaniques, ayant plus d'égard aux mains qui les exercent qu'à leur propre dignité ... Par ces trois sortes d'hommes, laboureurs, artisans, marchans, tout estat est nourri, soustenu, entretenu, tousjours transmué en mieux...*

La correspondance entre Blaise Pascal (1623-1662) et Pierre de Fermat (1601-1665) nous éclaire sur la naissance du calcul des probabilités, théorie mathématique du hasard reprise par Bernouilli et Poisson, dont l'origine se retrouve dans les spéculations sur les paris et les jeux de hasard. Les questions sont les suivantes : jouant à plusieurs reprises avec deux dés, combien de fois faudra-t-il jeter les dés pour pouvoir parier avec avantage ? Et, dans l'hypothèse où les deux joueurs se mettent d'accord pour arrêter la partie, comment répartir les gains en estimant leurs chances respectives de gagner ? Simultanément, Pascal et Fermat donnent la solution, élaborant les bases du calcul des probabilités. Charles Gouraud dans son *Histoire du calcul des probabilités ...*, Paris, 1848, nous rappelle comment Pascal : *A l'aide de raisonnements d'une invention toute nouvelle fit d'abord un dénombrement complet de tous les évènements que dans le cours des parties de jeu, sujet de cette recherche, le sort abandonné à sa nature, pouvait indifféramment arriver à produire : de toutes les sortes de points que le jet simultané de deux dés pouvait également amener sur le tapis, de tous les genres de coups imaginables qui, à partir d'un moment donné dans la suite interrompue du jeu en pouvaient ou changer ou modifier l'issue ; il supputa exactement aussi quelle quantité déterminée d'hypothèses, dans l'ensemble universel de tous ces cas du sort, se montraient exclusivement favorables à la production des évènements dont on lui demandait d'estimer la vraisemblance : de combien de manières le point de sonnez était susceptible de se faire avec deux dés, combien de coups particuliers pouvaient en l'état actuel du jeu assurer séparément à chacun des deux joueurs le gain du fond des mises en tout ou en partie ; et, comparant alors au nombre de tous les cas possibles le nombre des cas plus favorables que les autres, il obtint de leur comparaison un nombre intermédiaire et commun, double expression des chances proportionnelles des évènements choisis dont il s'agissait de calculer l'arrivée, et de la valeur des opinions que l'esprit à l'avance pouvait en concevoir.* Gouraud précise le rôle de Fermat qui parvient à généraliser l'analyse du problème posé par le chevalier de Méré : *Il existait déjà, mais tout à fait dans l'enfance, un artifice d'algèbre, connu seulement de quelques géomètres, par le moyen duquel on pouvait trouver fort aisément toutes les manières possibles d'arranger entre elles un nombre quelconque de quantités données. C'est cet artifice, devenu depuis d'un si grand usage, qui sert maintenant de base à la théorie des combinaisons. Fermat imagina de l'employer à la résolution du second et du plus difficile des problèmes du chevalier, le problème de la répartition des enjeux en cours de partie entre joueurs inégalement favorisés du sort. Il le fit avec tant d'adresse et d'élégance qu'il parvint par cette voie à trouver une règle pour partager l'indécise propriété d'un enjeu, non seulement dans l'hypothèse particulière de la question qu'on proposait, c'est à dire entre deux joueurs seulement et à partir d'un moment unique et déterminé, mais dans toutes les hypothèses imaginables entre un nombre quelconque et indéfini de joueurs et à compter de tous les moments possibles où il conviendrait d'interrompre la partie.* La lettre du 24 juillet 1654 de l'auteur des *Pensées* en réponse à celle de l'auteur des *Varia opera mathématica,* Toulouse, 1679, est enthousiaste : *Votre méthode est très sûre et elle est celle qui m'est la première venue à la pensée dans cette recherche ; mais parce que la peine des combinaisons est excessive, j'en ai trouvé un abrégé et proprement une autre méthode bien plus courte et plus nette, que je voudrais pouvoir vous dire ici en peu de mots : car je voudrais désormais vous ouvrir mon cœur, s'il se pouvait, tant j'ai de joie de voir notre rencontre. Je vois bien que la vérité est la même à Toulouse et à Paris.* Pascal ouvre à l'entendement humain l'immense champ de prospection du probabilisme jalonné de perspectives inédites jusqu'ici mais aussi de vertigineuses incertitudes.

Jean Baptiste Colbert (1619-1683) est l'instigateur des opérations statistiques du siècle de Louis XIV, peut-être conseillé par son frère Charles Colbert de Croissy. Il fait enregistrer chaque mois les variations de la population de Paris et confie aux maîtres des requêtes l'établissement d'une étude statistique concernant la totalité du royaume. Des mémoires seront écrits vers 1663-1665, mais le projet restera inachevé. Il se termine néanmoins, en 1677, par une table des paroisses.

Louis Phélypeaux de Pontchartrain (1643-1727), Contrôleur général des finances pendant dix ans à dater de 1689, organise un dénombrement général du royaume en 1694 pour préparer la capitation, impôt sur le revenu calculé selon le rang social ou la fonction économique. Ce sera un échec, les résultats étant partiels ou imparfaits. Une deuxième tentative connaît un sort identique : *Mémoire des intendants*, 1697-1700.

Sébastien Le Prestre de Vauban (1633-1707), commissaire aux fortifications en 1678, est considéré par le socialiste Auguste Blanqui (1805-1881) comme le fondateur de la science économique et *le créateur de la statistique.* En effet, quarante ans avant de publier *la Dyme royale*, il entreprend d'enquêter sur les ressources et les besoins du royaume : *Méthode générale et facile pour faire le dénombrement des peuples*, Paris, 1686, ouvrage qu'il termine par cette recommandation : *Voilà à peu près qu'elle peut être l'utilité des dénombremens tant des places de guerre que des Provinces, laquelle seroit beaucoup plus intelligible, si on y ajoûtoit les plans & cartes particulières des Villes & des Païs levées avec soin, & si bien circonstanciées que les Bois, les Près, les terres labourables, Rivières, Ruisseaux, Marais, Montagnes, Villes, Châteaux, Villages, Abbayes, Cens, Moulins, Pons & Chemins y étoient distingués par noms & figures, placez dans leur distance naturelle bien orientez et levez Geometriquement. Mais pour que l'utilité en fût permanente & de durée, il seroit necessaire de repeter ces dénombremens toutes les années à raison des gens qui meurent & qui naissent, & des changements de demeures qui sont ordinairement fort fréquents parmy le menu Peuple, spécialement sur les frontiers.* Avant de quitter la province qu'il a visitée, il remet aux ingénieurs et aux intendants placés sous son autorité, des questionnaires qu'ils doivent remplir avant de les lui retourner. Il rédige des études de statistiques démographiques, des mémoires sur la vie rurale, des rapports sur l'aménagement des cours d'eau et des canaux dont celui du Languedoc qu'il faudrait améliorer pour y faire naviguer des navires de haute mer permettant ainsi le transport des produits de l'agriculture et de l'industrie entre des provinces éloignées. Son *Traité de la culture des forêts*, en 1701, est un modèle de gestion des espaces boisés, opération rémunératrice puisqu'un arpent de futaie de 150 ans peut rapporter par année 7 livres 10 sols, rendement équivalent annuellement à celui d'un arpent de terre à blé. Il s'intéresse à l'élevage des porcs dans un mémoire tout en chiffres intitulé *De la cochonnerie ou calcul estimatif pour connaître jusqu'où peut aller la production d'une truie pendant dix années de temps*. Vauban préconise un impôt sur les revenus dans son *Projet d'une dixme royale : qui supprimant la taille, les aydes, les doüanes d'une province à l'autre, les décimes du Clergé, les affaires extraordinaires; & tous autres impôts onéreux & non volontaires : Et diminuant le prix du sel de moitié & plus, produiroit au Roy un revenu certain et suffisant, sans frais, & sans être à charge à l'un de ses sujets plus qu'à l'autre, qui s'augmenteroit considérablement par la meilleure culture des terres*, 1707. Cet ouvrage comprend de nombreux tableaux statistiques. On y trouve cette appréciation de la démographie du royaume à la fin du règne de Louis XIV : *Au surplus, quoy que la France paroisse peuplée de Dix-neuf millions quatre-vingt-quatorze mil tant de personnes, il est pourtant vray de dire que l'étenduë & fertilité qu'elle est naturellement, elle en pourroit aisément nourrir de son crû jusqu'à vingt-cinq millions et davantage. Le détail de la lieuë quarrée que nous mettons à la suite de ce paragraphe, contient la preuve de cette vérité. Il est encore vray que dans tout le nombre qui s'en est trouvé, il y a près d'un dixième de Femmes & de Filles plus que d'hommes & de garçons ; presque autant de vieillards & d'Enfans, d'Invalides, de Mendians, & de gens ruinez, qui sont sur le pavé, que de gens d'un âge propre à bien travailler & aller à la guerre ; la Famine & la Desertion en ayant consommé beaucoup. A joindre que depuis les premiers Dénombremens, dont on a tiré ces abrégés, les Peuples ne se sont pas augmentéz ; au contraire ils ont diminué, en étant sorti grande quantité du Royaume, à l'occasion de la présente guerre, qui est celle où nous a engagé la Succession d'Espagne, par l'évasion secrette & presque continuelle qui se fait peu à peu des Nouveaux Convertis ; ce qui joint au mécompte qui peut s'être glissé dans ces premiers Dénombremens, pourroit bien avoir causé une diminution de quatre à cinq mille Ames. C'est de quoy nous ne tiendrons cependant aucun compte, n'ayant rien qui nous prouve le plus ou le moins ; & c'est la raison pour laquelle nous sommes réduits à cens cinquante personnes par lieuë quarrée.* Un peu plus loin dans le même ouvrage, Vauban apprécie les rendements des céréales (blé, orge) et se base sur leur consommation pour estimer la population à partir de la nourriture utilisée : *Tout ce qui a été dit jusques icy, sert à démontrer que la DIXME ROYALE telle que nous la proposons, est un moyen sûr d'enrichir le Roy & l'Etat, sans ruiner personne. Reste à faire voir ce que la Lieuë quarrée peut nourrir de monde de son Crû ; & par rapport à elle, tout le Royaume, sans être obligé d'avoir recours aux étrangers. Nous avons trouvé que la lieuë pouvoit produire 2104 Septiers de bon bled : Ajoûtons-y un quart d'Orge aux dépens du cours des petits Bleds, viendra 2630 Septiers. Nous estimons que chaque personne peut consommer environs trois Septiers de Bled par an ; il est vray que les Vieillards au-dessus de cinquante ans, les enfans au-dessous de dix ; & ceux qui mangent de la viande & boivent du vin, en mangeront moins ; mais hors ceux-là, il s'en trouvera peu qui ne consomment leurs trois Septiers de Bled mesure de Paris, & même au-delà par commune année. Si nous divisons donc 2630 Septiers par trois, viendra 876 personnes ; laissons-en vingt-six pour la part des Oyseaux, Chiens, Chats, Rats, & autres animaux domestiques & sauvages, & réduisons-nous à 850 personnes par lieuë quarrée ; il se trouvera que si la France en contient trente mil, elle pourra aisément fournir de son Crû à la nourriture de vingt-cinq millions cinq cens mil Ames, nombre assurément fort supérieur à celuy qu'elle contient présentement.* Il propose un formulaire de dénombrement comprenant des tables divisées en colonnes, la première comprenant les maisons, la seconde, les hommes ; la troisième, les femmes ; la quatrième, les grands garçons ; la cinquième, les grandes filles ; la sixième, les petits garçons ; la septième, les petites filles ; la huitième, les valets ; la neuvième, les servantes ; la dixième, le total des familles. Si les étrangers sont nombreux, on ajoute une colonne. La révocation de l'Édit de Nantes, en 1685, reste une erreur politique économique et stratégique. Vauban le signalera sans ambiguïté dans son *Mémoire sur le rappel des Huguenots* adressé à Louvois en 1689 : il estime à 80000 ou 100000 le nombre de personnes qui s'exilèrent du royaume emportant trente millions de livres d'argent, il déplore la perte des compétences artistiques et manufacturières qui s'exportaient et amélioraient la balance commerciale du royaume, il souligne la ruine d'une grande partie du commerce, il constate le départ de 8 à 9000 marins récupérés par les flottes ennemies, et celui 5 à 600 officiers et plus de 40000 soldats, tous très aguerris, incorporés dans les rangs des armées de nos adversaires. Tous ces expatriés, pleins d'une rancœur et d'une animosité bien compréhensibles, alimenteront une propagande hostile à Louis XIV, à sa politique répressive et à son royaume. Les protestants restés en France ont un double problème : ils sont dépossédés de toute existence légale et privés d'état civil. Les enfants des huguenots sont donc des bâtards, ce qui ne simplifie pas la transmission des patrimoines. Il faudra attendre le règne de Louis XVI (1774-1793) et 1787 pour qu'enfin le pouvoir royal autorise les non-catholiques à rétablir leurs droits et à faire authentifier leurs papiers d'état civil par les curés ou les officiers de justice. On ne peut pas dire que la démarche soit simple : il faut, accompagné de quatre témoins, se présenter devant l'ecclésiastique ou le juge, en sa demeure, et se déclarer uni par les liens indissolubles du mariage. Le curé ou le magistrat confirmera cette union qui sera consignée sur les registres. Les bans ayant été publiés sans opposition, le responsable de l'état civil signe, et fait signer aux parties contractantes et aux témoins les susdits documents. Les enfants nés de ces unions seront soit baptisés, soit déclarés au juge en présence de deux témoins et du père, soit, s'il est absent, par quatre témoins. Si le nouveau-né n'est pas baptisé, il faudra attester que les parents sont mariés selon les règles, ce qui sera inscrit sur les registres et signé du père, des témoins et du juge.

Dans quelle œuvre de quel auteur trouve-t-on ce surprenant passage très statistique ? *Voyons, disait Mentor, combien vous avez d'hommes dans la ville et dans la campagne voisine ; faisons-en le dénombrement. Examinons aussi combien vous avez de laboureurs parmi ces hommes. Voyons combien vos terres portent, dans les années médiocres, de blé, de vin, d'huile, et d'autres choses utiles : nous saurons par cette voie si la terre fournit de quoi nourrir tous ses habitants, et si elle produit encore de quoi faire un commerce utile de son superflu avec les pays étrangers. Examinons aussi combien vous avez de vaisseaux et de matelots : c'est par là qu'il faut juger de votre puissance.* C'est dans *Les aventures de Télémaque* de Fénelon (1651-1715), roman éducatif paru en 1699. On y voit le même Mentor, ami d'Ulysse et précepteur de son fils Télémaque, s'intéresser aux magasins, aux boutiques d'artisans, règlementant les vêtures par rang social, du prince au dernier roturier, les nourritures, l'ameublement, le style des habitations, conseillant au roi de Crète Idoménée de donner l'exemple de la modestie et de la frugalité. Il lui recommande de ne point charger le peuple d'impôts pour lui permettre de vivre lui et sa famille, des produits de la terre qu'il cultive et dont l'étendue doit être réglementée de manière à permettre la subsistance de tel ou tel foyer. Selon Roger Mols, *il est certain que l'archevêque de Cambrai attacha aux questions de dénombrement une importance plus grande que la plupart de ses contemporains.* Dans son *Examen de conscience sur les devoirs de la royauté* (§ IX), Fénelon insiste en effet sur l'utilité d'un recensement et interpelle son illustre interlocuteur et élève, le Duc de Bourgogne (1682-1712) : *Il ne suffit pas de savoir le passé ; il faut connaître le présent. Savez-vous le nombre d'hommes qui composent votre nation ; combien d'hommes, combien de femmes, combien de laboureurs, combien d'artisans, combien de praticiens, combien de commerçants, combien de prêtres et de religieux, combien de nobles et de militaires ? Que diroit-on d'un berger qui ne sauroit pas le nombre de son troupeau ? Il est aussi facile à un Roi de savoir le nombre de son peuple : il n'a qu'à le vouloir. Il doit savoir s'il a assez de laboureurs ; s'il y a à proportion trop d'autres artisans ; trop de praticiens, trop de militaires, à la charge de l'Etat. Il doit connaître le naturel des habitants de ses différentes provinces, leurs principaux usages, leurs franchises, leur commerce et les lois de leurs divers trafics au dedans et au dehors du royaume. Il doit savoir quels sont les divers tribunaux établis en chaque province, les droits des charges, les abus de ces charges, etc. ; autrement il ne saura point la valeur de la plupart des choses qui passeront devant ses yeux : ses ministres lui en imposeront sans peine à toute heure : il croira tout voir, et ne verra rien qu'à demi.*

Angleterre : Graunt, Petty, Halley

Les ouvrages de Graunt et Petty vont révolutionner la démographie et l'économie encore dans l'enfance.

C'est un riche drapier de Londres, John Graunt (1620-1674) qui met au point les premières techniques d'analyses statistiques et de dénombrements, fondatrices de la démographie. Son ouvrage, *Natural and political observations mentionned in a following index, and made upon the bills of mortality*, Londres, 1662, est une compilation, basée sur les techniques de la comptabilité, des registres tenus par les ecclésiastiques responsables de paroisses. Il établit une probabilité conditionnelle, c'est-à-dire soumise à la connaissance d'un autre événement, en l'occurrence la survie qui est indépendante de l'âge.

William Petty (1623-1687) est un novateur en matière de statistiques : chargé de cadastrer l'Irlande, il s'y emploie de 1654 à 1656. Ses recherches, avec celles de Graunt, sont à l'origine des procédés modernes de recensement. Influencé par Thomas Hobbes (1588-1679) et par Francis Bacon (1561-1626), seules les mathématiques et la physique ont à ses yeux un intérêt dans la pratique des sciences. La quantité prime la parité. Il étudie les bills de Londres et tire la conclusion, d'après les chiffres du nombre des morts dans la capitale anglaise, que sa population a doublé en quarante ans et qu'elle s'élève à 670.000 habitants : 1 décès pour trente habitants, entre 1604 et 1682. Il parle alors d'arithmétique politique : *Several essays in political arithmetic*, Londres, 1699. Il écrit dans cet ouvrage qui marque l'origine des méthodes quantitatives et qui suggère que seul le quantifiable est irréfutable : *La méthode que j'emploie dans ce but n'est pas encore très commune, car au lieu de me servir seulement de termes au comparatif et au superlatif et d'arguments purement rationnels, j'ai adopté la méthode (comme spécimen de l'arithmétique politique que j'ai longtemps eu en vue) qui consiste à s'exprimer en termes de nombres, poids et mesures.*

Gregory King (1648-1712) est un peu son continuateur. Enquêteur et quantificateur, il est l'auteur, en 1696, d'un manuscrit *Conclusions naturelles et politiques sur l'état et la condition de l'Angleterre* qui renferme des estimations chiffrées sur la démographie et l'économie du Royaume-Uni : tous ces renseignements qui vont de la nature des productions économiques aux spécificités des populations, sont issus de documents fiscaux. Un autre manuscrit, écrit en 1697 et intitulé *Du commerce maritime en Angleterre ... et le profit national en découlant* détaille les modifications des droits de douane, de la monnaie, du foncier et des terres agricoles. On a de lui une table de mortalité connue depuis peu de temps qui a pour particularité d'être également une pyramide d'âges et qui ne concerne que sa ville natale de Lichfield.

Docteur en droit civil, membre du Parlement en 1685, Charles Davenant (1656-1714) devient inspecteur général des importations et des exportations en 1703, poste qui lui donne accès à des documents confidentiels dont bénéficieront ses ouvrages d'économie politique. Dans son *Essay upon the probable methods of making a people gainer in the balance of trade,* Londres, 1699, il énonce la loi King-Davenant qui observe le résultat sur les prix d'un déficit ou d'un excès de ravitaillement des produits agricoles fondamentaux. Cette loi qui apparaît dans le livre de Davenant est néanmoins attribuée à King depuis le XIXe siècle. On trouve dans sa bibliographie : *Essai sur la balance du pouvoir ; le droit de faire la guerre la paix et les alliances, la monarchie universelle*, 1701 ; *Essai sur la paix à l'intérieur et la guerre au dehors*, 1704 ; *Nouveau dialogue sur l'état présent des affaires*, 1710.

Quant à l'astronome Edmund Halley (1656-1742), il fait paraître An estimate of the degrees of mortality of mankind drawn from curious tables of the births and funerals at the city of Breslaw, *Philosophical Transactions*, 1693, **17**, 596-610, dans lequel il dénonce un biais important dans les résultats de Graunt, erreur due aux grandes fluctuations de la population de Londres. Il cherche donc une cité à la démographie stable et trouve Breslau en Pologne. Il en tire les conclusions suivantes : la natalité est de 1238 et la mortalité de 1174, par an ; sur ces naissances, seuls 692 enfants vivent jusqu'à sept ans : mortalité de 44% ; entre 9 et 25 ans, la mortalité est de 1% l'an ; il calcule la probabilité qu'aura un individu d'un âge donné de vivre une autre année ou même au-delà : ainsi un individu de 25 ans a 50 chances sur 100 d'arriver à 57 ans ; il constate également que cinquante pour cent des humains décèdent avant leurs 17 ans !

Pays-Bas : Huygens

Christiaan Huygens (1629-1695) instruit de la correspondance entre Pascal et Fermat, publie un ouvrage fondateur sur le calcul des probabilités dans les jeux de hasard : *De ratiocinis in ludo aleae,* 1657, écrit à l'origine en hollandais et publié dans l'ouvrage de van Schooten : *Exercitationum mathematicarum Libri quinque.*

Il parle de la valeur de l'espérance dans une situation d'incertitude. Avec l'aide de son frère puiné Lodewijk qui vient de lire Graunt et ses tables de mortalité, et qui invente le calcul de l'espérance de vie dès 1669, Christiaan conçoit la notion de vie médiane, de vie moyenne et de vie probable. Il trace la première représentation graphique de la mortalité. Dans sa réponse à Lodewijk, il lui fait remarquer *qu'afin que ce calcul fust exact, il faudroyt avoir une table qui marquast d'année en année combien il meurt des personnes de 100 qu'on suppose ... il faut que vous l'ayez suppléée par quelque moyen comme j'en scay pour cela, ou autrement vous ne scauriez determiner au vray, combien doibt vivre une personne de 6, 16 ou 26 ans &c., et encore moins de quelque aage moyen entre ceux-là comme vous l'avez entrepris de vous et de moy. Je crois donc que vous n'en décidez qu'à peu près ... j'ay envie de suppléer la table comme j'ay dit et résoudre les problèmes qu'on peut proposer en cette matière qui est assez subtile. Votre methode ne seauroit estre la mesme que la mienne, et je seray bien aise de la voir.* Malheureusement, il ne cherche pas d'autres références que celle de Graunt et passe à côté de l'occasion de concevoir la première table de mortalité basée sur des concepts purement mathématiques.

Allemagne : Conring, Leibnitz

Hermann Conring (1606-1681), qui n'a laissé que des manuscrits, dans le *De rebus publicis nostri oevi celeberrimis*, 1660, estime que la statistique doit donner un tableau de l'État. Il commence à enseigner à Helmstedt dès 1635. Il préconise le *methodus quatuor causarum* pour définir les caractéristiques d'un dénombrement : la cause matérielle : le pays et son peuplement ; la cause finale : la juridiction, la tradition, la constitution ou la nature du pouvoir d'état ; la cause formelle : la forme du gouvernement, les objectifs choisis par la collectivité et, enfin, la cause efficace : la fonction publique, ses pouvoirs règlementaires et juridictionnels. On lui reprochera plus tard de ne s'être pas intéressé aux problèmes de mortalité et de natalité, d'avoir été approximatif dans ses appréciations quantitatives.

Et puis vient Gottfried Wilhelm Leibnitz (1646-1716).

Dans son principal ouvrage, *Les nouveaux essais sur l'entendement humain*, 1765, il exprime la difficulté à concevoir de front le rendement aléatoire et l'éventualité d'en tirer un profit. C'est Théophile qui répond à Philalèthe : *Comme ce sont deux considérations hétérogènes (ou qu'on ne saurait comparer ensemble) que celle de la grandeur de la conséquence et celle de la grandeur du conséquent, les moralistes en les voulant comparer se sont assez embrouillés, comme il paraît par ceux qui ont traité de la probabilité. La vérité est ici, comme en d'autres estimes disparates et hétérogènes et pour ainsi dire de plus d'une dimension, la grandeur de ce dont il s'agit est en raison composée de l'une et l'autre estimation, et comme un rectangle, où il y a deux considérations, savoir, celle de la longueur et celle de la largeur ; et quant à la grandeur de la conséquence et les degrés de probabilité, nous manquons encore de cette partie de la logique qui les doit faire estimer ; et la plupart des casuistes qui ont écrit sur la probabilité n'en n'ont pas même compris la nature, la fondant sur l'autorité avec Aristote, au lieu de la fonder sur la vraisemblance comme ils devraient, l'autorité n'étant qu'une partie des raisons qui font la vraisemblance.* Philalète approuve et répond : *Voici quelques-unes des causes ordinaires de ce faux jugement. La première est l'ignorance, la seconde est l'inadvertance, quand un homme ne fait aucune réflexion sur cela même dont il est instruit. C'est une ignorance affectée et présente qui séduit le jugement aussi bien que la volonté.*

Son contemporain, le pasteur Kaspar Neumann (1648-1715), fait partie de ces amateurs qui s'intéressent pour la première fois aux données courantes jusqu'ici négligées. Il étudie les taux de mortalité de sa ville natale Breslau et rédige un ouvrage *Reflexionen über Leben und Tod bey denen in Breslau Geborenen und Gestorbenen* qu'il soumet à Leibnitz. Celui-ci publiera dans les *Philosophical transactions*, en 1693, les registres B. et D. de Breslau après les avoir présentés à la Royal Society de Londres. Leurs résultats, qui avaient été collationnés par le pasteur Kaspar Neumann, serviront à Halley pour créer la première table de mortalité reposant sur la connaissance des âges des décédés.

XVIIIe siècle

Pendant la première moitié du XVIIIe siècle, les administrateurs et les géographes, en France, optent pour la méthode de dénombrement par feux dont les chiffres proviennent des rôles d'imposition en ville et des états d'affouage (droit de prendre du bois de chauffage dans une forêt communale) dans les zones rurales. Charles Gaspard Dodun (1679-1736), nommé par le Régent au Conseil des finances en 1715, devient en 1722, Contrôleur général des finances. Il essaie d'en rétablir l'équilibre après le fiasco du système de Law. Pour des raisons fiscales, il met à jour l'inventaire des greniers à sel en 1724, 1725 et 1726. Il dénombre les feux et les *gabelants* contraints de se fournir en sel en payant le droit de la gabelle. Les résultats de ces calculs demeurent secrets. Ses efforts resteront sans lendemain et le pouvoir royal se désintéressera de plus en plus de la statistique des feux qui du reste concernaient plus une faculté de payer qu'une domiciliation. L'abbé Joseph Marie Terray (1715-1778) est le dernier contrôleur général des finances de Louis XV. En 1772, il promulgue une circulaire exigeant que les intendants lui adressent chaque année le relevé des naissances, des mariages et des décès survenus depuis 1770 dans leur généralité, recommandation qui sera observée jusqu'en 1790. Sans doute conseillé par La Michodière, il promeut la règle de 25 pour éviter des recensements réitérés fort impopulaires : on évaluera désormais la population par le nombre des naissances et on appréciera la quantité des céréales récoltées par le nombre des charrues utilisées et la superficie des terres ensemencées. Lui succèdera Anne Robert Jacques Turgot, baron de L'Eaulne (1727-1781), appuyé par les physiocrates, les encyclopédistes, Voltaire, Rousseau, et peu enclin au calcul politique mais plus attiré par les réalités économiques : il institue la liberté du commerce et la libre circulation des grains préconisées par les physiocrates comme François Quesnay (1694-1774).

Néanmoins Turgot maintient l'obligation pour les intendants de recueillir les chiffres des naissances, des mariages et des décès de chaque généralité et de les communiquer au gouvernement, exigence observée par ses successeurs jusqu'à la Révolution. Les statisticiens du siècle des Lumières, incluent donc dans un même ensemble les aléas des jeux de hasard et les chiffres des données démographiques et économiques. Les informations concernant les évaluations démographiques deviennent plus nombreuses. En 1708, une *Déclaration de communautés* en Lorraine et dans le duché de Bar apporte un progrès en permettant de vérifier mutuellement les informations recueillies.

En Autriche, Marie Thérèse et Joseph II donnent au clergé catholique un rôle officiel dans la gestion du *Conscriptio animarum*. D'après Roger Mols, le dénombrement autrichien de 1754 est le premier à procéder avec rigueur et méthode à l'étude d'une population donnée. Il s'inspire de travaux de l'économiste et politicien Johann Heinrich von Justi (1717-1771) auteur d'un mémoire qui, en 1752, recommande un dénombrement administratif minutieux. Le recensement de 1754 précise ainsi la nature urbaine ou rurale du peuplement, les tranches d'âge des habitants, leur sexe, leur identité. En 1769, au Danemark, un chiffrage démographique tient compte de l'identité, du sexe et de l'âge de la population. En Espagne, l'*Estado general* de 1787, utilise la même méthodologie. À Liège, les 32 paroisses donnent des renseignements disparates à propos de leurs habitants et révèlent l'absence de rigueur et de professionnalisme de leurs rédacteurs.

Le médecin du XVIIIe voit le climat et la saison comme les manifestations d'un déterminisme inhérent aux quatre qualités de la matière, le chaud, le froid, le sec et l'humide. On admet par conséquent l'existence de saisons fixes, à température constante, à l'origine de pathologies favorables, aisément diagnostiquées, et de saisons variables inconstantes et capricieuses, échappant à tout pronostic. La Société Royale de Médecine, fondée en 1776 organise, sous l'impulsion de Felix Vicq d'Azyr ((1748-1794), le recueil par les médecins de provinces des conditions climatiques et des maladies qui les accompagnent, à l'origine de tableaux statistiques gigantesques et inexploitables et ce jusqu'en 1794. Les zones urbaines sont mal considérées : Surpopulation, rues étroites, amoncellement d'habitations, saleté généralisée entretenant une atmosphère humide et délétère, polluée par les chauffages de tourbe et de charbon. À la différence de ce qui se passe en Angleterre, l'état monarchique français a le goût du secret, l'absolutisme royal conservant jalousement ses informations pour son propre usage. Au Royaume-Uni, la conception libérale de l'état limité dans ses prérogatives proscrit la possibilité de faire de grands recensements de la population qui serait une atteinte aux ultimes libertés des Britanniques. Ceci explique le retard des Anglais par rapport à des pays comme la Hollande, familiers avec les recensements et le calcul des probabilités.

France :
Les abbés Expilly et Messance.
Moheau, Deparcieux, Mirabeau père, Saugrain, Arnoult

Un ecclésiastique, Expilly, un receveur des tailles, Messance, le secrétaire du baron de Montyon, Moheau, un mathématicien, Deparcieux, un économiste, Mirabeau, un encyclopédiste, Saugrain et enfin, un avocat, Arnoult, vont s'intéresser aux statistiques et apporter leur contribution à leur développement essentiellement dans le domaine de la démographie et de la sociologie.

L'abbé, Jean Joseph Expilly (1719-1793), fils d'aubergistes, écrit dans son *Tableau de la population de la France en 1780* : *Sur une masse d'environ deux millions d'individus, répandus dans différentes provinces du Royaume, mais circonscrits dans des districts particuliers, & dont j'avois réussi à me procurer le recensement, fait aussi par têtes ; j'ai trouvé que le nombre de femmes ou filles étoit plus fort d'environ un vingt-unième que le nombre d'hommes ou garçons. C'est d'après cette base que j'ai procédé dans la division, par sexe, de tous les habitants du Royaume.* Il ajoute : *La connoissance du nombre des habitants, de tel ou tel âge, de tel ou tel sexe, peut & doit servir de base à la plupart des plans de l'administration. Vient ensuite la classification des divers états, qui, autant qu'il est possible, doit être connu du Gouvernement.* On trouve dans ce fascicule de 35 pages des tableaux donnant notamment la superficie et la population de divers états européens comme l'Angleterre, l'Ecosse, l'Irlande, la Hollande, la Suisse, le Danemark, la Norvège, le Holstein, la Suède, les royaumes de Sicile et de Sardaigne, la Toscane et la Lombardie. La France, en 1778, compte 24129200 habitants dont 11766633 hommes et 12362567 femmes. Y figurent également des tables récapitulatives du nombre d'habitants répartis par tranche d'âge et de la mortalité, des dénombrements de la population selon l'appartenance sociale et le métier, un inventaire géographique, économique, militaire, monétaire et fiscal des diverses régions de l'Europe. Expilly s'est inspiré du *Dictionnaire universelle* de Saugrain en le complétant et en le corrigeant, utilisant le multiplicateur universel (calcul du nombre de naissances en année commune multiplié par un coefficient). Son principal ouvrage reste le *Dictionnaire géographique, historique et politique des Gaules et de la France*, 1762-1770, qui restera inachevé et comportera six volumes in folio sur les huit prévus. Il y recense toutes les paroisses du royaume, véritable inventaire, avec des articles de fond, des biographies souvent compilées, des statistiques basées notamment sur les registres de baptêmes.

Les mortuaires sont également des documents d'état civil dans lesquels on enregistre les noms des personnes décédées. Les recherches de Louis Messance (1734-1796), reposent sur leur utilisation. Dans ses *Recherches sur la population ...*, Paris, 1766, il fait connaître la durée de vie moyenne des hommes, sachant que la destruction de l'espèce humaine est proportionnelle à ses moyens de se multiplier. Messance s'appuie sur l'augmentation de la population trouvée pour un dixième du royaume pour affirmer que le pays est plus peuplé que soixante ans auparavant. Il estime le nombre d'habitants de la France, en 1766, à 23 909 400. Il reprend le même thème dans ses *Nouvelles recherches sur la population de la France,* Lyon, 1788, message d'espérance en la sagesse et l'équanimité du roi, à un an de la prise de la Bastille : *Ainsi, quel que soit l'existence des individus, si la masse totale présente un plus grand nombre de naissances que de morts, cet indice est une preuve incontestable que la population devient plus nombreuse, et par conséquent, que les subsistances et le travail augmentent.* Il dénonce l'égoïsme de celui qui préfère une maison remplie de domestiques mais sans enfants. Il s'inquiète de la grande misère du peuple des campagnes, qui reste néanmoins le grand pourvoyeur de biens et d'impôts, dont la corvée, qui mériterait de disparaître.

Dans la lignée d'Expilly et de Messance, Jean-Baptiste Moheau (1745-1794) est sans doute un des pères fondateurs de la démographie. Ses *Recherches et considérations sur la population de la France*, Paris, 1778, reflète l'idéologie des Lumières notamment quand il écrit : *La mort, écueil inévitable de l'humanité, nous éclaire sur l'usage de la vie : la contemplation de cet événement énerve les passions, & sa proximité les annule ; la Religion s'en sert comme de l'arme la plus terrible qui soit en ses mains : la philosophie la met sous nos yeux, comme la meilleure des leçons, & le malheur y trouve sa plus grande consolation.* Les chiffres qu'il offre sont accablants : la moitié des enfants meurent avant la dixième année ; un peu moins des trois cinquièmes ne dépassent pas 20 ans ; plus des trois cinquièmes meurent dans les 30 premières années ; après 40 ans il n'en reste pas un tiers et les trois dixièmes passent 50 ans ; deux treizièmes passent 70 ; la 37e partie atteint approximativement 81 ans ; sur 292 enfants, un seul arrivera à 91 ans ; sur 26629 individus, pas un ne passera le siècle. Par conséquent, 25 à 26 ans forment le terme de l'existence lors de la venue au monde. Après 20 ans, on peut espérer vivre encore une trentaine d'années ; à 30 : 26 ; à 40 : 21 ; à 50 : 16 ; à 60 : 12 ; à 70 : 10 ; à 80 : 4 ; à 90 : 3. Les chiffres de décès, du moins dans la ville de Londres, seraient les suivants : 1/32 pour les enfants en arrivant au monde ; 1/27 du fait de la pousse dentaire ; 1/100 des habitants meurent d'apoplexie ou subitement ; 1/15 de vieillesse ; 1/84 de mort violente dont 1/6 de suicides. Dans cette même ville, la variole tue une fois sur dix. On pourrait prévenir beaucoup de ces maux, et notamment les asphyxies par appareils de chauffage, si on communiquait au public des chiffres plutôt que des raisonnements. Il est le premier à aborder la mortalité différentielle selon les couches sociales et rend la démographie autonome par rapport à la philosophie politique et aux systèmes économiques.

Antoine Deparcieux (1703-1768), est l'auteur du célèbre *Essai sur les probabilités de la durée de la vie humaine d'où l'on déduit la manière de déterminer les rentes viagères tant simples qu'en tontine, précédé d'une courte explication sur les rentes à terme, ou annuités, et accompagné d'un grand nombre de tables*, Paris, 1746, qui sera le livre de chevet des banquiers et des assureurs sur la vie jusqu'au début du vingtième siècle. Il reste l'ouvrage fondateur de la *Science Actuarielle* et rendra son auteur illustre dans toute l'Europe, même s'il ne mentionne pas les causes du décès. Il rassemble néanmoins les états des décès pour 162 paroisses de différentes contrées de France et réhabilite la notion de durée de vie moyenne qu'il différencie de la durée de vie probable. Il évoque les travaux de Thomas Simpson, de De Moivre et Kerseboom : *La dernière table contient les différentes valeurs actuelles des rentes purement viagères, calculées par MM. Simpson, de Moivre, & Kerseboom d'après les différens ordres de mortalité établis. Je les mets ici, parce que trouvant dans un même ouvrage tout ce qui a été fait sur cette sorte de rente, on en fera plus aisément les comparaisons. M. Simpson ne les a calculées que depuis l'âge de six ans jusqu'à l'âge de soixante-quinze ans ; M. de Moivre, depuis l'âge d'un an juqu'à 84 ans, l'un et l'autre, d'année en année ; & M. Kerseboom depuis la naissance jusqu'à soixante-dix ans, seulement de 5 en 5 ans ; au moins n'en trouve-t-on pas davantage dans la bibliothèque raisonnée d'Amsterdam, aux trois premiers mois de 1743. Les valeurs calculées par M. Simpson ne sont que pour une rente viagère de 10 livres par an ; mais on a qu'à supposer un zéro partout, & ces valeurs seront alors semblables tant à celles qui ont été calculées par M. de Moivre, qu'à celles de M. Kerseboom, & à celles de la table XIV qui sont toutes pour une rente viagère de 100 livres par an.*

TABLE XIV.

De la valeur actuelle d'une Rente viagere de 100 livres pour tous les différens âges.

Les intérêts étant comptés sur le pied du denier 20.				Les intérêts étant comptés sur le pied du denier 18.				Les intérêts étant comptés sur le pied du denier 16.			
âges.	livres.	âges.	livres.	âges.	livres.	âges.	livres.	âges.	livres.	âges.	livres.
1		51	1136	1		51	1080	1		51	1015
2		52	1114	2		52	1060	2		52	997
3	1557	53	1091	3	1435	53	1040	3	1303	53	979
4	1582	54	1068	4	1459	54	1019	4	1326	54	961
5	1600	55	1045	5	1476	55	998	5	1342	55	943
6	1613	56	1022	6	1487	56	977	6	1352	56	925
7	1620	57	999	7	1494	57	956	7	1358	57	906
8	1624	58	975	8	1499	58	934	8	1363	58	887
9	1627	59	950	9	1503	59	911	9	1366	59	867
10	1625	60	924	10	1502	60	887	10	1365	60	845
11	1622	61	898	11	1499	61	862	11	1364	61	822
12	1617	62	871	12	1495	62	837	12	1362	62	798
13	1610	63	843	13	1488	63	811	13	1358	63	773
14	1602	64	814	14	1481	64	784	14	1353	64	747
15	1594	65	784	15	1474	65	756	15	1347	65	721
16	1586	66	752	16	1468	66	727	16	1341	66	696
17	1578	67	722	17	1462	67	698	17	1336	67	671
18	1571	68	693	18	1456	68	670	18	1331	68	646
19	1565	69	664	19	1450	69	643	19	1326	69	621
20	1558	70	636	20	1444	70	617	20	1321	70	597
21	1551	71	610	21	1438	71	592	21	1316	71	573
22	1544	72	584	22	1432	72	568	22	1312	72	549
23	1537	73	558	23	1426	73	543	23	1308	73	525
24	1530	74	532	24	1420	74	518	24	1304	74	502
25	1523	75	506	25	1415	75	493	25	1299	75	479
26	1516	76	480	26	1410	76	469	26	1294	76	456
27	1508	77	455	27	1404	77	445	27	1289	77	433
28	1500	78	431	28	1398	78	422	28	1284	78	412
29	1492	79	408	29	1391	79	400	29	1278	79	392
30	1484	80	386	30	1383	80	379	30	1272	80	372
31	1475	81	365	31	1375	81	358	31	1266	81	350
32	1464	82	345	32	1367	82	338	32	1259	82	331
33	1453	83	324	33	1359	83	318	33	1252	83	312
34	1442	84	301	34	1350	84	296	34	1245	84	291
35	1431	85	278	35	1341	85	273	35	1238	85	268
36	1419	86	256	36	1331	86	251	36	1230	86	247
37	1407	87	234	37	1320	87	230	37	1222	87	226
38	1394	88	210	38	1308	88	207	38	1213	88	204
39	1379	89	184	39	1295	89	184	39	1202	89	179
40	1362	90	158	40	1280	90	156	40	1190	90	154
41	1344	91	132	41	1264	91	131	41	1176	91	130
42	1324	92	105	42	1248	92	105	42	1162	92	104
43	1304	93	71	43	1231	93	71	43	1148	93	70
44	1284	94	47	44	1213	94	47	44	1133	94	46
45	1264	95		45	1195	95		45	1117	95	
46	1243	96		46	1176	96		46	1100	96	
47	1222	97		47	1157	97		47	1083	97	
48	1201	98		48	1138	98		48	1066	98	
49	1180	99		49	1118	99		49	1049	99	
50	1138	100		50	1099	100		50	1032	100	

A. Deparcieux, *Essai sur les probabilités de la durée de la vie humaine*, Paris, 1746.

Etienne Bonnot de Condillac (1715-1780), le faux physiocrate

Alors que Turgot, en poste au ministère depuis 1774, propose sa réforme fiscale, Condillac édite un traité d'économie très important, où la statistique est en filigrane : *Le Commerce et le gouvernement considérés relativement l'un à l'autre*, 1776. Cet ouvrage fait de lui un pionnier de l'économie politique. Deux mois après la sortie du livre, le 12 mai 1776, Turgot est destitué.

Pour Condillac, le fondement de la valeur des choses repose sur leur utilité. Quant aux prix, ils dépendent de nos échanges alors que la valeur procède de nos besoins. Les prix varient en fonction de l'abondance et de la concurrence. Ils se règlent quand le commerce est libre. Ce dernier correspond à l'échange qu'on fait d'une chose pour une autre. Il suppose des producteurs et des consommateurs. Entre eux se trouvent les marchands. C'est le travail des hommes qui produit de la richesse. L'art se développe avec l'usage des choses de seconde nécessité et suscite de la richesse grâce à l'ingéniosité des artisans et des commerçants. Les richesses foncières sont des richesses du premier ordre produites par le colon : elles se remplacent. Les richesses mobilières sont produites par l'artisan : elles s'accumulent. Les travaux de l'artiste valent plus que ceux de l'artisan. Le paysan est au service du propriétaire qui le rémunère et qui s'installe en ville. Les métaux se valorisent quand ils servent d'ornement mais ne sont devenus monnaie que parce qu'ils sont marchandises. L'usage des mesures a provoqué la croyance selon laquelle les choses ont une valeur absolue tout en permettant de donner aux objets un prix plus précis, mais sans plus d'exactitude. L'argent circule mais néanmoins il est thésaurisé par les fermiers, les propriétaires, les marchands et les artisans. On ne peut rien assurer sur la quantité d'argent qui circule. Les banquiers sont des marchands d'argent. Le prêt à intérêt : il est bas quand la confiance est haute ; et haut quand la confiance est moindre. La valeur des métaux fluctue selon les marchés et le gouvernement se plie à leur évaluation sur lesdits marchés. Le prix du blé dans plusieurs provinces qui n'ont pas le droit de commercer avec l'extérieur sera haut dans une région où la récolte est médiocre et qui se dépeuple, moyen dans une province où les récoltes sont suffisantes et bas dans celle où la récolte est abondante. Les prix ne seront équilibrés que lorsque ces trois régions commerceront ensemble. Le monopole est odieux et ne peut être empêché que par la liberté du commerce. La circulation des blés doit être libre, assurée par les marchands. Le blé est le seul authentique étalon de mesure des valeurs à condition que sa commercialisation jouisse d'une liberté entière et permanente. Les productions se règlent sur les consommations, mais ce sont les propriétaires qui arbitrent les goûts et qui, quand ils changent, suscitent de nouvelles productions et des arts nouveaux. Les productions ne deviennent plus abondantes dans un domaine que parce qu'elles se raréfient dans un autre. L'emploi des terres conditionne la production à la consommation. Les arts jouent un rôle déterminant notamment dans les cités car ils apportent la subsistance à ceux qui les pratiquent et doivent être accessibles à l'ensemble des citoyens. Le luxe n'est un excès que lorsqu'il n'est accessible qu'à une minorité. Sinon, il ne l'est plus quand il permet l'usage de choses accessibles à tous. *L'impôt sur l'industrie est un vice inhérent à la constitution de l'état : chez une nation riche par son sol, ce vice peut être extirpé et doit l'être.* La nation la plus riche est celle où on travaille le plus. Les nations européennes ont tort de vouloir prendre les unes aux autres leur commerce et leurs manufactures. Il faut substituer à la liberté restreinte et momentanée du commerce une liberté totale et pérenne. Condillac termine ainsi cette première partie de son ouvrage : *Pour entretenir cette abondance, il faut une puissance qui protège les arts et le commerce, c'est-à-dire qui maintienne l'ordre et la liberté. Cette puissance a des dépenses à faire, et c'est aux propriétaires seuls à payer les subsides ou les impôts dont elle a besoin. Si cette puissance maintient l'ordre et la liberté, une nation qui s'occupera de tout sans préférence exclusive sera aussi riche qu'elle peut l'être. Que dans tous les gouvernements on protège également les travaux de toutes espèces, et que sans restriction, sans interruption, on permette d'exporter et d'importer les choses même les plus nécessaires ; alors toutes les nations seront riches, et leurs richesses respectives seront en raison de la fertilité du sol et de l'industrie des habitans.*

La seconde partie de l'ouvrage de Condillac est essentiellement consacrée à tout ce qui peut nuire à l'économie des nations.

Auparavant, il considère la répartition des richesses quand le commerce est libre, que les manufactures produisent abondamment, favorisant les échanges entre marchands et producteurs, entre commerçants et paysans, évitant de thésauriser l'or et l'argent, fuyant le luxe au profit de mœurs simples. Le philosophe énumère ensuite toutes les atteintes au commerce : guerres, douanes, péages, impôts sur l'industrie, compagnies privilégiées et exclusives, impôts sur les consommations, variation des monnaies, exploitation des mines qui suscitent un renchérissement fallacieusement profitable mais ruineux pour les arts, le commerce et l'agriculture, endettement et emprunts des gouvernements, police sur l'exportation, l'importation, la circulation des grains, manœuvre des monopoleurs sans concurrents, luxe d'une grande capitale, rivalité et jalousie des nations, commerçants spéculateurs fauteurs de ruine.

On a rattaché Condillac aux physiocrates qui de 1750 à 1780 ont combattu, à la suite de Quesnay, *pour le triomphe des idées de liberté dans le domaine de la vie économique* comme le rappelle Auguste Lebeau dans son *Condillac économiste*, Paris, 1903. Avant de rédiger *Le commerce et le gouvernement*, Condillac dut probablement lire les Réflexions sur la formation et la distribution des richesses, publié par Turgot dans les *Ephémérides du citoyen* en 1769. Sa célébrité comme philosophe, adepte des conceptions de Locke, repose sur le renoncement aux *recherches sur les choses qui excèdent les capacités de notre esprit.* L'auteur du *Traité des sensations*, Londres, 1754, s'applique donc à observer assidument les lois de la pensée et *à découvrir dans la sensation le fait initial, générateur de toute l'activité humaine.* Or les physiocrates sont d'emblée hostiles au livre de Condillac, et Grimm en fait une critique acerbe et injuste. En revanche, Condillac est en effet en désaccord avec les théories physiocratiques notamment sur les valeurs : *Dire qu'une chose vaut, c'est-à-dire qu'elle est ou que nous l'estimons bonne à quelque usage. La valeur des choses est donc fondée sur leur utilité, ou, ce qui revient au même, sur le besoin que nous en avons, ou, ce qui revient encore au même, sur l'usage que nous en pouvons faire.* Il n'est pas plus inféodé à Quesnay qu'à Adam Smith. Philosophe et surtout logicien, il montre la voie qu'il faut emprunter pour étudier les phénomènes économiques de manière scientifique. Il faut attendre 1862 pour qu'Henry Dunning Macleod écrive à propos du *Commerce et le gouvernement* : *La girouette du temps lui apporte maintenant sa revanche, car tous les meilleurs économistes d'Europe et d'Amérique gravitent actuellement autour de cette opinion que la conception de Condillac fut la vraie conception de l'Economie Politique. La clarté et la simplicité merveilleuse, l'instinct du véritable savant se montrent partout. Enfin il recevra justice et, après un oubli de 120 ans, il apparaîtra comme le vrai fondateur de l'Economie politique moderne.*

La conclusion de l'auteur du *Traité des sensations* est désabusée avec une légère touche finale d'optimisme ou d'espoir : *Les nations sont comme les enfans. Elles ne font en général que ce qu'elles voient faire, et ce qu'elles ont fait elles le font long-temps, quelquefois toujours.*

Ce n'est pas la raison qui les fait changer, c'est le caprice ou l'autorité.

Le caprice ne corrige rien ; il substitue des abus à des abus, et les désordres vont toujours en croissant.

L'autorité pourrait corriger, mais d'ordinaire elle pallie plutôt qu'elle ne corrige : encore est-ce beaucoup pour elle de pallier. Elle a ses passions, ses préjugés, sa routine, et il semble que l'expérience ne lui apprenne rien. Combien de fautes ont été faites ! Combien de fois ont été répétées ! et on les répète encore !

Cependant l'Europe s'éclaire. Il y a un gouvernement qui voit les abus, qui songe aux moyens d'y remédier ; et ce serait plaire au monarque de montrer la vérité. Voilà le moment où tout bon citoyen doit la chercher. Il suffirait de la trouver. Ce n'est plus le temps où il fallait du courage pour l'oser dire, et nous vivons sous un règne où la découverte n'en serait pas perdue.

Trois authentiques physiocrates : Quesnay, Mirabeau, Dupont de Nemours

François Quesnay (1694-1774), médecin, économiste, autodidacte, devient maître en chirurgie en 1718 et, avec l'appui de La Peyronie, est nommé secrétaire perpétuel de l'Académie de chirurgie en 1737. Il passe son doctorat en 1744, devient associé de la Faculté de médecine de Paris et médecin de Louis XV qui l'anoblit et lui choisit un blason orné de trois fleurs de pensées avec comme devise : *Propter cogitationem mentis* (En raison de la pensée de l'esprit). La dénomination physiocrate aurait été choisie à l'initiative de Pierre Samuel Dupont de Nemours (1739-1817) disciple de Quesnay et collaborateur de Turgot. Que propose Quesnay dans son *Tableau oeconomique suivi de Extraits des oeconomies royales de M. de Sully*, Versailles, 1759 ? Ni plus ni moins que de remplacer dans toute l'administration intérieure l'actuelle évaluation fantaisiste des impositions et des taxations du commerce, par des principes universaux et constants de calcul et d'en finir avec la variation arbitraire et permanente de la réglementation. Il compare la circulation de la richesse à celle du sang et cette assimilation sera à l'origine de nouvelles découvertes en économie dont la principale sera de considérer ce mouvement de circulation des richesses comme obéissant à des lois au-dessus de l'humanité, ce qui libérait l'économie de toute influence politique, morale ou métaphysique.

Éloigné des considérations mathématiques développées par Deparcieux et ses acolytes, plus démographe et sociologue que probabiliste, Victor Riquetti de Mirabeau (1715-1789), le père d'Honoré Gabriel, pamphlétaire libertin que la Révolution encensera puis dénigrera, publie à Avignon, de 1756 à 1760, *L'ami des hommes ou Traité de la population.* Il dit, et cela se vérifie (le *baby-boom*) : *Batailles et massacres ne nuisent pas à la population, et l'on remarque avec étonnement qu'après des temps de troubles et de calamités, un Etat est tout aussi peuplé qu'auparavant.* Dans le premier volume de son ouvrage, il rappelle : *En somme, tout est commerce dans la société ; c'est ce qui m'autorise à en parcourir tous les rameaux, à en toucher tous les ressorts, pour détailler sur quels principes on peut en diriger l'entretien & les mouvemens afin de les garantir de la rouille & de l'engourdissement. Tout mon travail est relatif à la population ; j'ai dit qu'elle dépend de la subsistance. La subsistance n'a que deux racines, l'agriculture, travail premier & de production, l'industrie travail second & de perfection.* Dans le tome 2 il décrit la procédure de renouvellement du cadastre : *Quand une communeauté doit renouveller son Cadastre, elle s'adresse aux Procureurs des gens des Trois-états de la province, qui commettent deux Estimateurs & un Arpenteur ; ils les choisissent dans les lieux circonvoisins & non suspects. Ceux-ci prêtent serment devant la Cour des Aydes qui autorise leur commission, & vont ensuite procéder judiciairement à l'estimation demandée. Leur rapport fait, il est remis dans l'hôtel de ville de la Communauté, & exposé pendant un an à la critique de tous les intéressés.*

Dans le même esprit administratif et juridique, Jean-Baptiste de Montyon (1733-1820) dans ses Observations sur la moralité de la France, jamais édité, fait recueillir dans les minutes du Parlement de Paris les 10.021 condamnations pour crime prononcées par cette juridiction entre 1775 et 1786. Il établit ainsi le premier ouvrage de sociologie criminelle dans lequel il classe les individus par sexe, âge, qualité, métier, nature et lieu du délit, nature de la condamnation. Cet ouvrage est resté à l'état de manuscrit. Sa date de rédaction se situe probablement entre 1775 et 1789, époque à laquelle Montyon, sans doute alerté par les troubles sociaux, s'exile brutalement à l'étranger pour ne revenir qu'en 1814.

Né à Paris le 14 décembre 1739, Pierre Samuel Dupont de Nemours, est à la fois philosophe, économiste, homme d'affaire et diplomate. Ce fils d'un horloger protestant appartient à la noblesse désargentée mais reçoit une éducation soignée : médecine, mathématiques, art de l'ingénieur militaire. Il se passionne pour la littérature, la politique, le droit et l'économie. Il rédige en 1763 une brochure intitulée : *Réflexion sur l'écrit intitulé : Richesse de l'état* qui le fait remarquer des économistes et de François Quesnay avec lequel il publie un ouvrage créateur des conceptions physiocratiques dont Dupont donnera une nouvelle édition en deux volumes : *Physiocratie ou constitution naturelle du gouvernement le plus avantageux au genre humain,* Leyde, 1768 et *Discussions et développements sur quelques-unes des notions de l'économie politique pour servir de seconde partie au recueil intitulé : Physiocratie,* Leyde, 1767. On trouve ces remarques pertinentes et d'une brûlante actualité dans ce premier volume aux paragraphes XXIX et XXX : *Qu'on n'espère de ressources pour les besoins extraordinaires d'un état, que de la prospérité de la nation, & non du crédit des financiers ; car les fortunes pécuniaires sont des richesses clandestines qui ne connaissent ni roi ni patrie. Que l'état évite des emprunts qui forment des rentes financières, qui le chargent de dettes dévorantes, & qui occasionnent un commerce ou trafic de finances, par l'entremise des papiers commerciables, où l'escompte augmente de plus en plus les fortunes pécuniaires stériles. Ces fortunes séparent la finance de l'agriculture, & privent les campagnes des richesses nécessaires pour l'amélioration des biens fonds & pour l'exploitation de la culture des terres.* Dans le second tome, on trouve notamment ce tableau des reprises sur les revenus des cultivateurs : *La portion des reprises, à laquelle le renchérissement n'apporte aucun changement, renferme : 1° la moitié des avances annuelles de la classe productive, qui est consommée immédiatement & en nature par les cultivateurs, comme nous l'avons remarqué. 2° Les charges indirectes montantes à 450 millions qui restent pareillement in statu quo ; parce qu'elles ne consistent pas en productions, & qu'il s'agit d'une augmentation du prix des productions procurée par le rétablissement de la liberté du commerce. Ces reprises ôtées de la reproduction totale de 3 milliards 570 millions, il reste 570 millions à partager entre les propriétaires des terres, le Souverain, & les Décimateurs, qui n'avoient avant le renchérissement qu'un revenu de 400 millions. L'accroissement de leur revenu est donc déjà & à ne considérer que cet objet de 170 millions.*

Le tableau de la distribution des revenus montre que la somme de 450 millions est à la charge des producteurs qui en assument les avances. La circulation de la dépense de 1250 millions entre les consommateurs et les producteurs s'effectue moitié moitié, les consommateurs dépensant cette somme en achats aux producteurs.

Les repriſes des cultivateurs ſeront donc compoſées :

1°. De leurs avances annuelles.

SAVOIR { Une moitié conſommée en nature, & qui n'a pas renchéri, ci . . . . . 750. Une moitié qui ſe commerce & qui a renchéri d'un ſixieme en ſus, ce qui la porte à . . . . 900. } 1650 *millions.*

2°. De leurs intérêts qui participent au renchériſſement pour un ſixieme en ſus de ce qu'ils étoient, ce qui les fait monter à . . . . . . 900.

3°. Des 450 *millions* de charges indirectes qui ne participent point à l'augmentation des prix, comme les productions commerçables, & qui reſtent par conſéquent dans le compte des repriſes du Cultivateur pour . . . 450.

TOTAL général des repriſes des Cultivateurs. . . . . 3 *milliards.*

TABLEAU

DE LA DISTRIBUTION.

AVANCES annuelles de la *Classe productive*.	REVENU.	AVANCES de la *Classe stérile*.
2,100 *ions.* au lieu de 1950.	800 *ions.* au l. de 400.	650 *ions.* au lieu de 475.

Sommes qui servent à payer le Revenu & les Intérêts des avances primitives.

400 au l. de 200.	400 au l. de 200.
650 au l. de 475.	
650 au l. de 475.	900 au l. de 750.

TOTAL, 1,300 au l. de 950. La moitié est reprise pour les avances : l'accroît est, pour la subsistance de cette classe, de 175 *millions*.

Dépense des avances annuelles. 2,100 au l. de 1950.

TOTAL, 3 *ards.* 800 *ions.* au l. de 3,100.

N ::

Deux archivistes

Enregistrer, répertorier, lister et classifier c'est la lourde tâche qu'assume l'éditeur Claude Marin Saugrain (1735-1805) en publiant un fabuleux annuaire, *Dénombrement du royaume par généralités, élections, paroisses et feux*, Paris, 1709, dont on ne peut mieux montrer l'utilité et l'exhaustivité qu'en reproduisant intégralement l'avant-propos qui apporte de précieux renseignements sur l'organisation de l'administration judiciaire et fiscale sous l'Ancien Régime : *Quoi qu'il soit ordinaire de mettre à la tête d'un livre qui paroit au jour une Préface, pour en expliquer le sujet & le dessein, celui-ci semble devoir être exempt de cette pratique, parce que son titre exprime suffisamment, non seulement ce qu'il renferme, mais encore à quel usage & à quelles personnes il peut être propre. Cet ouvrage paroîtra sans doute aussi utile, que nouveau. En effet il y a si longtemps qu'il est souhaité du public, & que l'on le demande (même avec empressement) que l'on se persuade en quelque façon qu'il en sera agréablement reçu. L'idée que l'on s'est faite en le composant, a été de donner une parfaite connaissance de la France ; ce que l'on a crû ne pouvoir mieux exécuter, qu'en détaillant le Royaume par Generalitez, les Généralitez par Elections, les Elections par paroisses, & les Paroisses par Feux. Pour cet effet l'on s'est servi des Mémoires de Messieurs les Intendans & Commissaires départis par SA majesté dans les Provinces pour l'exécution de ses ordres ; & des Etats qui contiennent les dépendances de leurs Intendances, comme des instructions dont on ne peut douter de la justesse & de la fidélité. Pour rendre cet ouvrage & plus curieux, & plus utile, l'on a mis sur chaque lieu tout ce qui peut donner une vraie connoissance de sa consistance, en marquant, autant qu'il a été possible, en chaque endroit les Archevêchez, les Evêchez, Universitez, Parlements, Chambres des Comptes, Cours de Aydes, Cours & Hôtels des Monnoyes, Tables de Marbres* (juridictions supérieures en matière d'eaux et forêts), *Grandes Maîtrises, & Maîtrises Particulières des Eaux & Forests, Capitaineries des Chasses, Amirautez, Présidiaux, Bailliages, Sénéchaussées, Elections, Greniers à sel, Prévôtez, Vicomtez, Chatelenies, Vigueris, Hôtels de Villes Juges & Consuls, Mareschaussées & autres Juridictions Royales, les Bureaux des Droits d'Aydes,*

Gabelles, Douanes & Traittes foraines. Les Postes & Lieuës de distance de Paris, aux autres villes du Royaume. Enfin, on s'est entièrement appliqué à ne rien obmettre de ce qui peut convenir & servir de lumière à ce sujet. Cependant comme il n'est presque pas possible d'entrer dans un si grand détail, sans tomber en quelque faute, l'on prie ceux qui les découvriront d'y suppléer, & d'en donner avis au Libraire. Comme aussi ceux qui ont quelques Memoires particuliers, qui peuvent servir à augmenter cet Ouvrage, de les vouloir bien communiquer. Une seconde édition sera publiée en 1720, *Nouveau dénombrement du royaume avec des informations inédites* puis, en 1726, il imprime les trois volumes d'un *Dictionnaire universel de la France ancienne et moderne* comprenant le nombre d'habitants de chaque paroisse malencontreusement estimé à partir des chiffres des précédents ouvrages. Expilly, en 1762, reprendra le travail de Saugrain et, pour la première fois après Leibnitz et l'abbé Castel de Saint-Pierre, appliquera une méthode basée sur le calcul du nombre de naissances en année commune multiplié par un coefficient : le multiplicateur universel.

C'est un travail d'archiviste que Charles Arnoult (1750-1793), avocat au parlement de Dijon, nommé député du tiers aux États Généraux de 1789, effectue en éditant, en 1789, les états de commerce de 1716 à 1786. Cette Balance du commerce paraît avoir existé sous l'égide du ministère des Finances (douanes). Elle aurait été publiée annuellement sous le titre de Tableau général du commerce de la France. Il demande parmi les premiers la suppression des dîmes. Il publie deux collections des décrets de l'Assemblée constituante et de l'Assemblée législative en 1792.

La Terreur et le Directoire

1792 : ce dix août, des sans-culottes de Paris, aidés de volontaires brestois et marseillais, donnent l'assaut au palais des Tuileries dont ils s'emparent. C'est la chute de la monarchie et la naissance d'un régime républicain entériné par la destitution de Louis XVI par l'Assemblée nationale ce même jour. Le gouvernement demande au service des Ponts et Chaussées d'établir les tableaux statistiques de tous les départements dès le mois d'octobre 1792, requête complétée en frimaire an II (novembre 1793) par l'inventaire des routes, canaux, rivières, ouvrages d'art, etc. Ce dispositif est complété en fructidor an III (22 août 1795), date de la Constitution de l'an III. On y trouve 123 articles détaillant les résultats économiques et les outils qui les produisent. Étaient concernées par ces chiffres, la médecine, les sciences naturelles, la géographie, l'économie agricole et industrielle, manifestant du besoin pour l'état républicain de bien connaître la réalité des faits. Les constituants, pour des raisons essentiellement électoralistes, organisent des référendums en 1791, 1794, 1796. François de Neufchâteau (1750-1828), ministre de l'Intérieur, crée en 1796, le premier bureau de statistique structuré selon des principes modernes pour l'époque. Sa mission est de regrouper les éléments d'une statistique générale du pays basés sur les réponses des préfets aux questionnaires qui leur étaient adressés et qu'ils remplissaient à partir des archives départementales ou des résultats d'enquêtes qu'ils avaient organisées.

Ces dénombrements ne sont pas dépourvus d'arrière-pensées car ils veulent démontrer les améliorations apportées par la Révolution par rapport au passé et facilitent le travail de surveillance de la police. Le découpage du territoire en 83 départements en l'absence d'un bureau des statistiques capable d'organiser, de recueillir et de gouverner une administration inexpérimentée, n'empêchera pas les erreurs du passé de se perpétuer. Après cette période difficile due au puissant pouvoir jacobin de la Révolution coïncidant avec l'absence de moyens administratifs, la situation s'améliore dés 1795 et sous le Directoire (1795-1799), Chaptal réorganisant les services et Jean-Jacques Cambacérès (1753-1824) créant la première Société statistique de Paris.

La statistique descriptive est alors dominante. Sa première séance se tient le 5 juin 1860 à la mairie de Paris. Ses fondateurs, le polytechnicien Michel Chevalier (1806-1879) et le médecin Louis René Villermé (1782-1863) a pour objectif de populariser la recherche statistique. Trois piliers soutiennent cet édifice : la tenue de dîners-débats autour de la statistique ; la publication d'un Journal trimestriel ; l'institution de prix couronnant des travaux français ou étrangers. La SSP (Société statistique de Paris) voit naître et croître l'intérêt pour les sujets médicaux, tout particulièrement l'épidémiologie et l'hygiène. L'attrait de la méthode pour les politiques et les économistes grandit également. Désormais statisticiens, logiciens et mathématiciens se tournent vers cette nouvelle science applicable à tous les domaines de la connaissance.

D'Alembert, Diderot, Condorcet, Lavoisier, Brion de Latour, Buffon, La Michodière

Les mathématiciens, les scientifiques, les géographes comme d'Alembert, Diderot, Condorcet, Lavoisier, Brion de la Tour, Buffon, La Michodière, s'intéressent à la statistique sur le plan théorique et pratique.

Jean-Louis Le Rond d'Alembert (1717-1783) conteste devant cette même Académie, lors d'une séance publique, le 12 novembre 1760, la méthode de calcul utilisée par Bernouilli pour apprécier les modalités et les perspectives de l'inoculation préventive de la variole. Nonobstant les lenteurs éditoriales de ladite Académie, il les publie dans le deuxième volume de ses *Opuscules mathématiques* imprimés en 1761. D'Alembert reproche à Bernouilli l'absence de calcul rigoureux sur les bénéfices escomptés de l'insertion, le manque de différenciation des avantages respectifs dévolus au citoyen et l'état, le défaut de validité des calculs de probabilité, la carence d'une méthode pour évaluer le délai entre l'inoculation et les risques d'en mourir, le défaut d'appréciation rigoureuse des différences entre vie physique, réelle et civile de chaque être humain, enfin l'inexistence préjudiciable de tables de mortalité. Son argumentation repose sur des bases solides. En effet, les inoculateurs prétendent que *le risque de mourir de la petite vérole naturelle, est à celui de mourir de la petite vérole inoculée, comme 300 est à 7, c'est à dire 40 à 50 fois plus grand* et d'Alembert reprend : *Ce raisonnement peut éblouir, mais peut-être n'a-t-il jamais déterminé personne. En effet pour savoir ce qu'on gagne ou ce qu'on risque à se faire inoculer, on ne porte pas vaguement sa vue sur le risque de mourir de la petite vérole naturelle dans tout le cours de sa vie ; mais on la fixe sur le danger qu'on court de mourir de cette maladie, pendant le même tems où l'on s'expose à mourir de l'inoculation c'est-à-dire dans l'espace de quinze jours ou d'un mois. Si l'on admettoit cette façon de comparer les deux risques, tout l'avantage passeroit du côté des adversaires de l'inoculation ; mais le mois passé, le risque ne subsiste plus par rapport à l'inoculé, tandis qu'il se renouvelle à l'égard de celui qui laisse agir la nature, & peut même devenir de jour en jour plus grand.* Les partisans de l'inoculation font remarquer à d'Alembert qu'il fait le jeu des adversaires de cette méthode et que ces ergotages de forts en maths n'ont d'autres résultats que de déconsidérer l'inoculation et d'apporter de l'eau au moulin des théologiens obtus, des obscurantistes butés, des dogmatiques passéistes et des fétichistes imbéciles. Néanmoins, l'intervention de Jean-Louis d'Alembert soulève des questions fondamentales sur la validité du calcul de probabilité appliqué à la médecine, et pose la question de la vraisemblance de toute hypothèse mathématique appliquée à l'insertion de la variole. L'absence de recul suffisant, l'existence de données chiffrées incomplètes, la méconnaissance des mécanismes véritables de la maladie, ces lacunes rendent la tâche de ces savants immanquablement approximative.

Diderot (1713-1784) se livre à une critique virulente de la communication de d'Alembert, soutenant le droit collectif contre le droit individuel, approuvant l'obligation légale de l'inoculation à toute la population, soulevant la question de savoir s'il faut adopter une attitude coercitive ou laxiste. Son article de *l'Encyclopédie* de 1752 sur l'arithmétique politique, qu'il définit comme une recherche ayant pour objectif de contribuer à l'art de gouverner les peuples cite abondamment Petty, le major Graunt. A propos de Petty, dont les estimations datent de 1699, il écrit : *Le chevalier Petty, Anglois, est le premier qui ait publié des essais sous ce titre. Le premier est sur la multiplication du genre humain ; sur l'accroissement de la ville de Londres, ses degrés, ses périodes, ses causes & ses suites. Le second, sur les maisons, les habitans, les morts & les naissances de la ville de Dublin. Le troisième est une comparaison de la ville de Londres & de la ville de Paris ; le chevalier Petty s'efforce de prouver que la capitale de l'Angleterre l'emporte sur celle de la France par tous ces côtés : M. Auzout a attaqué cet essai par plusieurs objections, auxquelles M. le chevalier Petty a fait des réponses. Le quatrième tend à faire voir qu'il meurt à l'Hôtel-Dieu de Paris environ trois mille malades par an, par mauvaise administration. Le cinquième est divisé en cinq parties : la première est en réponse à M. Auzout ; la seconde contient la comparaison de Londres & de Paris sur plusieurs points ; la troisième évalue le nombre des paroissiens des 134 paroisses de Londres à 696 mille. La quatrième est une recherche sur les habitans de Londres, de Paris, d'Amsterdam, de Venise, de Rome, de Dublin, de Bristol, & de Rouen. La cinquième a le même objet, mais relativement à la Hollande & au reste des Provinces-unies. Le sixième embrasse l'étendue & le prix des terres, les peuples, les maisons, l'industrie, l'œconomie, les manufactures, le commerce, la pêche, les artisans, les marins ou gens de mer, les troupes de terre, les revenus publics, les intérêts, les taxes, le lucre, les banques, les compagnies, le prix des hommes, l'accroissement de la marine & des troupes ; les habitations, les lieux, les constructions de vaisseaux, les forces de mer, &c. relativement à tout pays en général, mais particulièrement à l'Angleterre, la Hollande, la Zéelande & la France. Cet essai est adressé au roi ; c'est presque dire que les résultats en sont favorables à la nation Angloise. C'est le plus important de tous les essais du chevalier Petty ; cependant il est très-court, si on le compare à la multitude & à la complication des objets. Le chevalier Petty prétend avoir démontré dans environ une centaine de petites pages in-douze, gros caractère : 1°. Qu'une petite contrée avec un petit nombre d'habitans peut équivaloir par sa situation, son commerce & sa police, à un grand pays & à un peuple nombreux, soit qu'on les compare par la force, ou par la richesse ; & qu'il n'y a rien qui tende plus efficacement à établir cette égalité que la marine & le commerce maritime. 2°. Que toutes sortes d'impôts & de taxes publiques tendent plûtôt à augmenter qu'à affoiblir la société & le bien public. 3°. Qu'il y a des empêchemens naturels & durables à jamais, à ce que la France devienne plus puissante sur mer que l'Angleterre ou la Hollande : nos François ne porteront pas un jugement favorable des calculs du chevalier Petty sur cette proposition, & je crois qu'ils auront raison. 4°. Que par son fonds & son produit naturels, le peuple & le territoire de l'Angleterre sont à peu près égaux en richesse & en force au peuple & au territoire de France. 5°. Que les obstacles qui s'opposent à la grandeur de l'Angleterre ne sont que contingens &*

amovibles. 6°. Que depuis quarante ans, la puissance & la richesse de l'Angleterre se sont fort accrues. 7°. Que la dixième partie de toute la dépense des sujets du Roy suffiroit pour entretenir cent mille hommes d'infanterie, trente mille hommes de cavalerie, quarante mille hommes de mer ; & pour acquitter toutes les autres charges de l'état, ordinaires & extraordinaires, dans la seule supposition que cette dixième partie seroit bien imposée, bien perçûe, & bien employée. 8°. Qu'il y a plus de sujets sans emploi, qu'il n'en faudroit pour procurer à la nation deux millions par an, s'ils étoient convenablement occupés ; & que ces occupations sont toutes prêtes, & n'attendent que des ouvriers. 9°. Que la nation a assez d'argent pour faire aller son commerce. 10°. Enfin que la nation a tout autant de ressources qu'il lui en faut pour embrasser tout le commerce de l'univers, de quelque nature qu'il soit. Petty estime la population du Royaume-Uni à 5 545 000 et pense que ce nombre augmente de 9000 par année. Il chiffre le nombre d'habitants de Londres à 530 000, et fixe à 870 000 ceux des autres villes et bourgs. Il dénombre dans les trois royaumes d'Angleterre 20000 ecclésiastiques, alors qu'en France, on en dénombre 270000. En revanche la France ne compte que 10000 marins quand l'Angleterre en totalise 40000. Quant au tonnage des flottes de l'Angleterre, de l'Ecosse, de l'Irlande, et des pays qui en dépendent, il se monte à environ 60000 tonneaux. Le revenu annuel des terres est de 10 millions de livres et celui des maisons et des bâtiments à deux millions par an. Les terres à blé rapportent 2 millions de livres ; les pâturages, prairies, bois et forêts, 7 millions. Les produits manufacturés exportés d'Angleterre représentent 5 millions de livres sterling et le plomb, le fer blanc et le charbon 1 200 000 livres. Diderot cite également Graunt, qu'il orthographie par erreur Grant *: Le major Grant* (sic), *dans ses observations sur les listes mortuaires, compte qu'il y a en Angleterre 39000 milles quarrés de terre : qu'il y a en Angleterre & dans la principauté de Galles, 4600000 âmes : que les habitans de la ville de Londres sont à peu près au nombre de 640000 ; c'est-à-dire, la quatorzième partie de tous les habitans de l'Angleterre : qu'il y a en Angleterre & dans le pays de Galles, environ 10000 paroisses : qu'il y a 25 millions d'arpens de terre en Angleterre & dans le pays de Galles, c'est-à-dire, environ 4 arpens pour chaque habitant : que de 100 enfans qui naissent, il n'y en a que 64 qui* *atteignent l'âge de 6 ans ; que dans 100, il n'en reste que 40 en vie au bout de 16 ans ; que dans 100, il n'y en a que 25 qui passent l'âge de 26 ans ; que 16 qui vivent 36 ans accomplis, & 10 seulement dans 100 vivent jusqu'à la fin de leur 46e année ; & dans le même nombre, qu'il n'y en a que 6 qui aillent à 56 ans accomplis ; que 3 dans 100 qui atteignent la fin de 66 ans ; & que dans 100, il n'y en a qu'un qui soit en vie au bout de 76 ans : & que les habitans de la ville de Londres sont changés deux fois dans le cours d'environ 64 ans.*

Condorcet (1743-1794) donne raison à d'Alembert en soulignant la difficulté de concilier l'attitude des individus avec celle de la collectivité. Il n'est pas facile de faire le choix entre un risque immédiat et concret, et un danger lointain et incertain. D'Alembert n'ayant pas fourni de réponse à cette question : quelle méthode appliquer pour évaluer la vie qui soit acceptée par l'humanité sans exception. La statistique pouvait devenir cet instrument qui réduirait la vie la plus souhaitable à une définition quantifiable et standardisée, outil que le pouvoir politique pourrait utiliser. Cruel dilemme : prendre un risque immédiat ou le reporter sine die ! Jamais des calculs basés sur des estimations statistiques de longévité ne pourraient se substituer au libre choix de son destin par chaque individu. Dans son *Essai sur l'application de l'analyse à la probabilité des décisions rendues à la pluralité de voix*, Paris, 1785, il rappelle comment Turgot souhaitait appliquer aux sciences morales et politiques les méthodes qui expliquaient la fiabilité des sciences physiques, comme l'astronomie notamment. Dans le Discours préliminaire de ce livre, il écrit : *Ici, comme dans les sciences physiques, il y a peut-être une infinité d'objets qui se refuseront toujours au calcul, mais on peut se répondre aussi que dans l'un & l'autre genre, le nombre de ceux auxquels le calcul peut s'appliquer, est également inépuisable ... Enfin cette application des Sciences à la Philosophie, est un moyen non-seulement d'étendre les lumières, de les rendre plus sûres, mais d'en multiplier aussi l'utilité, puisqu'elle ne peut manquer de s'étendre successivement à un nombre plus ou moins grand d'objets nouveaux, de questions importantes, qui paroitroient peut-être aujourd'hui bien éloignées de pouvoir être résolues par de pareilles méthodes. Or, en multipliant les moyens de faire le bien, en les étendant sur un plus grand nombre d'objets, on apprendroit aux hommes à se passer plus tranquillement des avantages dont ils voient qu'il faudra acheter trop cher une espérance incertaine ... On se tromperoit en effet si on regardoit ces applications comme nécessairement bornées à un petit nombre d'objets. La connoissance précise de tout ce qui regarde la durée de la vie des hommes, de l'influence qu'ont sur cette durée le climat, les habitudes, la nourriture, la manière de vivre, les différentes professions, les Loix même & les gouvernemens, une connoissance non moins exacte de tous les détails relatifs des productions de la terre & à la consommation des hommes, une évaluation non arbitraire de l'utilité réelle des travaux publics, des établissemens nationaux, des effets salutaires ou funestes d'une grand partie des Loix d'administration, la méthode de s'assurer, par le Calcul, de la précision des résultats, d'en déduire des conséquences certaines, de connoître par ce moyen la vérité ou la fausseté d'un grand nombre d'opinions, les ressources qu'on peut tirer de ces applications pour pénétrer plus avant de l'homme physique ou de l'homme moral ; tous ces objets ont à la fois la plus grand importance & la plus grande étendue. On est bien loin d'avoir épuisé en ce genre les connoissances qui semblent s'offrir les premières ; & lorsqu'elles seront épuisées, pourquoi, dans cette partie des sciences comme dans toutes les autres, ne s'offriroit-il pas alors devant nous un champ bien plus vaste encore que celui qui auroit été déjà parcouru ? ... si la raison ne vient pas à notre secours, nos opinions seront réellement l'ouvrage de notre sensibilité & de nos passions.*

Antoine Lavoisier (1743-1794), que sa qualité de fermier-général avantage pour accéder aux documents démographiques et économiques du royaume, écrit un *Apperçu de la richesse territoriale et des revenus de la France* avec toute la rigueur de son esprit scientifique. Pour lui la statistique c'est *le thermomètre de la prospérité publique.* Il part du postulat selon lequel la production et la consommation s'équilibrent. En multipliant la consommation par le nombre d'habitants, il pense obtenir la production, en utilisant les recherches de Moheau et de Messange. Il chiffre la démographie du royaume à 25 000 992 personnes qu'il répartit par sexe, âge, état, profession. Des tableaux concernent la production agricole et le chiffrage du revenu territorial français. Ce travail, exécuté à la demande du comité des finances de l'assemblée, est imprimé en 1790.

Buffon (1707-1788) dans *Essai d'Arithmétique Morale*, paru en 1777, dans *Histoire naturelle générale et particulière ...* supplément, tome IV, raisonne ainsi à propos des probabilités : *Ainsi dans tous les jeux, les paris, les risques, les hasards ; dans tous les cas, en un mot, où la probabilité est plus petite que 1/10000, elle doit être, et elle est en effet pour nous absolument nulle ; et par la même raison dans tous les cas où cette probabilité est plus grande que dix mille, elle fait pour nous la certitude morale la plus complète ... Quand on a vu que les abstractions, bien entendues, rendaient faciles des opérations, à la connaissance et à la perfection desquelles les idées complètes n'auraient pas pu nous faire parvenir aussi aisément, on a suivi ces abstractions aussi loin qu'il a été possible ; l'esprit humain les a combinées, calculées, transformées de tant de façons, qu'elles ont formé une science d'une vaste étendue, mais de laquelle ni l'évidence qui la caractérise partout, ni les difficultés qu'on y rencontre, ne doivent nous étonner, parce que nous y avons mis les unes et les autres, et que toutes les fois que nous n'aurons pas abusé des définitions ou des suppositions, nous n'aurons que l'évidence sans difficultés, et toutes les fois que nous en aurons abusé, nous n'aurons que des difficultés sans évidence.* À la suite de *l'Essai arithmétique*, on trouve les probabilités de la durée de la vie tirées des tables de mortalité déjà publiées par Buffon dans *De la nature de l'homme* en 1749, inspirées de Halley, Graunt, Kersboom, etc. Il constate que *le quart du genre humain périt avant d'avoir atteint l'âge de vingt-trois mois ... de neuf enfants qui naissent, un seul arrivera à soixante-dix ans ...* Les tables de probabilités de la vie nous informent que *le quart des enfants d'un an périt avant l'âge de cinq ans révolus ; le tiers avant l'âge de dix ans révolus ; la moitié avant trente-cinq ans révolus ; les deux tiers avant cinquante-deux ans révolus ; les trois quarts avant soixante-dix ans révolus.* Vient ensuite un état général des naissances, des mariages et des morts à Paris de 1709 à 1766 qui révèle que la fécondité dépend de l'abondance des subsistances, la famine de 1709 coïncidant avec une diminution des naissances, qu'il nait plus de garçons que de filles, que chaque mariage donnerait plus de quatre enfants, qu'il meurt plus d'hommes que de femmes.

Louis Brion de la Tour (1743 ?-1803), ingénieur-géographe du Roi, critique, au début de son ouvrage édité en 1789 à Paris, *Tableau de la population de la France avec les citations des auteurs au nombre de soixante-douze, qui ont écrit sur cette partie de la statistique, relativement à la France*, les approximations, les omissions, les préjugés, de ceux qu'il identifie comme des « calculateurs » : *Parmi tous les dénombremens, mis en parallèle, & dont plusieurs paroissent calqués les uns sur les autres, on ne sera pas peu étonné sans doute d'en rencontrer tant de vagues, tant de disparates, même d'absurdes, outre les contradictions les plus frappantes. Tous ces défauts proviennent, ou de la prévention, ou des spéculations peu réfléchies des Calculateurs. Au surplus, il en est très peu ou, pour mieux dire, il n'en est aucuns qui aient complété les dénombremens, autant qu'il étoit possible. L'étonnement même redouble, quand on considère que plusieurs ont omis la population des provinces & des villes d'un rang distingué, pour ne s'attacher qu'à celle de lieux si peu importants, qu'ils n'ont pas dû trouver place ici ; d'où l'on a même exclu tout ce qui est au-dessous d'une population d'environ dix mille habitans, conséquemment d'une classe commune ou trop nombreuse. L'Auteur de cet Ecrit hasarde, parmi les citations qu'il fait, sa propre opinion, quelquefois d'accord avec d'autres, & distinguée par un *. Elle est fondée, ou sur des notions acquises dans ses voyages, ou sur des combinaisons, qui se rapprochent plus ou moins de ce qu'on appelle nombre moyen.*

Au nombre des statisticiens et des cartographes, on peut compter Jean-Baptiste-François de La Michodière, comte d'Hauteville, né à Paris le 2 septembre 1720, mort à Paris le 2 mai 1797, et qui fut notamment prévôt des marchands de Paris de 1772 à 1778. La lettre que Voltaire lui adresse est révélatrice de l'intérêt porté par l'auteur de *Candide* aux dénombrements des populations. La Michodière adopte la technique des sondages par échantillons seul procédé utilisable en l'absence d'un recensement direct total. On choisit l'échantillon avec circonspection et on limite l'enquête à peu de circonscriptions afin d'obtenir, par comparaison des chiffres de population absolue compatibles avec ceux des mouvements naturels, des coefficients de réduction pouvant être étendus à toute la population du royaume. La Michodière est indéniablement le meilleur spécialiste des questions de population sous Louis XVI. Il serait l'auteur de la circulaire du 9 septembre 1773 ordonnant aux intendants de fournir annuellement le relevé des naissances et des décès dans leur généralité. Il se charge notamment de fixer le nombre des délégués aux États Généraux de 1789 en tenant compte de la population présumée de chaque circonscription. Enfin ce sera lui que Necker désignera pour établir les tableaux destinés à prévoir l'abolition de la gabelle. La Michodière, en 1766, aidé par son secrétaire Messance dont seul le nom figure sur la page de titre du volume, édite à Paris des *Recherches sur la population des généralités d'Auvergne, de Lyon, de Rouen, et de quelques provinces et villes du royaume avec des réflexions sur la valeur du bled tant en France qu'en Angleterre depuis 1674 jusqu'en 1764*, Paris. On y trouve des enquêtes sur la population de quelques villes et provinces du royaume et une réflexion très intéressante sur la population totale du pays : *On ne peut juger de l'augmentation ou de la diminution de la population qu'en comparant son état actuel avec celui où elle était dans cette époque éloignée. C'est ce qui a été fait précédemment pour chaque province & pour chaque ville en particulier ; & les résultats de ces comparaisons ont donné la preuve du déclin ou de l'accroissement de la population ; mais pour ne rien laisser désirer à cet égard, on va réunir dans un même tableau toutes ces différentes comparaisons, pour pouvoir juger si la population en général a perdu ou gagné. La table qu'on va rapporter, constate évidemment que la population de sept grandes provinces & d'un grand nombre de villes, très éloignées les unes des autres, est augmentée depuis 60 ans dans la proportion de 196 à 211, par conséquent d'un treizième. La population rapportée dans cette table comprend au moins le dixième de la totalité de la population du Royaume, puisqu'elle représente une année commune de 92437 naissances, laquelle, multipliée seulement par le nombre 25, donneroit 2 310 925 habitans ; & pour la totalité du Royaume 23 109 250, nombre bien supérieur à celui auquel on estime communément la population totale du Royaume.* Roger Mols nous rappelle que La Michodière est le premier à avoir dressé une carte démographique de la France : *Enfin, il avait été chargé par le roi de dresser un premier essai de carte démographique de la France en indiquant sur la carte de Cassini sous le nom de chaque localité, un chiffre signifiant l'année commune des naissances multipliée par 26. Ce beau travail, remarquable pour l'époque, fut présenté à l'Académie des Sciences en 1783 par MM. du Séjour, Condorcet et Laplace et continué annuellement jusqu'en 1791.* Il mettra en pratique les directives de Laplace concernant les dénombrements, appliquant la règle des 28 pour les villes et celle des 25 pour les campagnes.

Voltaire

Une lettre de Voltaire qui répond à un courrier perdu écrit par de La Michodière, confirme les connaissances et l'intérêt de l'ermite de Ferney concernant la statistique : *Monsieur, c'est à Breslau, à Londres et à Dordrecht, qu'on commença, il y a environ trente ans à supputer le nombre des habitants par celui des baptêmes. On multiplia dans Londres le nombre des baptêmes par 35, à Breslau par 33. M. de Kerseboum* (sic), *magistrat de Dordrecht, prit un milieu. Son calcul se trouva très juste ; car s'étant donné la peine de compter un par un tous les habitants de cette petite ville, il vérifia que sa règle de 34 était la plus sûre. Cependant elle ne l'est ni dans les villes dont il part beaucoup d'émigrants, ni dans celles où viennent s'établir beaucoup d'étrangers ; et, dans ce dernier cas, on ajoute pour les étrangers un supplément qu'il n'est pas malaisé de faire. Toutes ces règles ne sont pas d'une justesse mathématique ; vous savez mieux que moi, Monsieur, qu'il faut toujours se contenter de l'à peu près. La fameuse méridienne de France n'est certainement pas tirée en ligne droite ; le roi n'a pas le même revenu tous les ans, et le complet n'est jamais dans les troupes. Il n'y a que Dieu qui ait fait au juste le dénombrement des combattants du peuple d'Israël, qui se trouva de 600 000 hommes au bout de deux cent quinze ans, tous descendants de Jacob, sans compter les femmes, les vieillards et les enfants. Les habitants de Clermont en Auvergne ne peuvent avoir augmenté dans cette miraculeuse progression. Ceux qui ont attribué quarante-cinq mille citoyens à cette ville ont presque autant exagéré que l'historien Josèphe, qui comptait douze cent mille âmes dans Jérusalem pendant le siège. Jérusalem n'en a jamais pu contenir trente mille. Lorsque j'étais à Bruxelles on me disait que la ville avait cinquante mille habitants : le pensionnaire après avoir pris toutes les précautions qu'il pouvoit, m'avoua qu'il n'en avait pas trouvé dix-sept mille. J'ai fait usage de la règle de 34 à Genève ; elle s'est trouvée un peu trop forte. On compte dans Genève environ vingt-cinq mille habitants ; il y nait environ sept cent soixante-quinze enfants, année commune : or 775 multiplié par 34 donne 26550. La règle de 33 donnerait 25575 têtes à Genève. Cela posé, monsieur, il paraît qu'il y a tout aux plus vingt mille personnes à Clermont, et ce nombre ne doit pas vous paraître extraordinaire ; les hommes ne peuplent pas comme le prétendent ceux qui nous disent froidement qu'après le déluge il y avait des millions d'hommes sur la terre. Les enfants ne se font pas à coup de plume, et il faut des circonstances fort heureuses pour que la population augmente d'un vingtième en cent années. Un dénombrement fait en 1718, probablement très fautif, ne donne à Clermont que 1324 feux ; si on comptait (en exagérant) dix personnes par feu, ce ne serait que 15240 têtes ; et si, depuis ce temps, le nombre en était monté à vingt-mille, ce serait un progrès dont il n'y a guère d'exemples. Il vaut mieux croire que l'auteur du dénombrement des feux s'est trompé ; mais quand même, il se serait trompé de moitié, quand même il y aurait eu le double de feux qu'il suppose, c'est-à-dire 2648, jamais on ne compte que cinq à six habitants par feu ; mettons en six, il y aurait eu alors 15888 habitants à Clermont ; et depuis ce temps, le nombre se serait accru jusqu'à vingt-mille par une administration heureuse, et par des évènements que j'ignore. Tout concourt donc, monsieur, à persuader que Clermont ne contient en effet que vingt mille habitants ; s'il s'en trouvait quarante mille sur environ 588 baptêmes par an, ce serait un prodige unique dont je ne pourrais demander la raison qu'à vos lumières. Voilà, monsieur, ce que mes faibles connaissances me permettent de répondre à la lettre dont vous m'avez honoré. Cette lettre me fait voir quelle est votre exactitude et votre sage application dans votre gouvernement ; elle me remplit d'estime pour vous, monsieur ; et ce n'est que par pure obéissance à vos ordres que je vous ai exposé mes idées, que je dois en tout soumettre aux vôtres. Vous êtes à portée de faire une opération beaucoup plus juste que ma règle. On vient, dans toute l'étendue de la domination de Berne, d'envoyer dans chaque maison compter le nombre des maîtres, des domestiques, et même des chevaux. Il est vrai qu'on s'en rapporte à la bonne foi de chaque particulier, dans le seul pays d'Europe où l'on ne paie pas la moindre taxe au souverain, et où cependant le souverain est très riche. Mais, sous une administration telle que la vôtre, quel particulier pourrait déranger, par sa réticence, une opération utile qui ne tend qu'à faire connaître le nombre des habitants, et à leur procurer des secours dans le besoin ?*

J'ai l'honneur d'être avec la plus respectueuse estime, etc.

Angleterre : Arbuthnot, Jurin, Playfair, Malthus

Autant Eloy est louangeur pour John Arbuthnot (1667-1735) comme praticien et littérateur mais ne parle aucunement de ses travaux de statisticien, autant Dezeimeris, nonobstant ses œuvres littéraires, considère ses travaux médicaux comme médiocres à l'exception de sa publication sur la régularité des naissances dans les deux sexes … : *Argument for divine providence taken from the constant regularity observed in the births of both sexes, Philosophical transactions, 1712 : Among innumerable Footsteps of divine Providence to be found in the Works of Nature, that is a very remarkable one to be observed in the exact Ballance that is maintained, between the numbers of Men and Women ; for by this means it is provided, that the Species may never fail, nor perish, since every Male may have its Female, and of a proportionable Age. This Equality of Males and Females is not the Effect of Chance but Divine Providence, working for a good End …* Sa communication qui a 4 pages, donne la liste des baptêmes des garçons et des filles de 1629 à 1710, admet qu'il nait en principe, une fille pour un garçon, mais qu'il naîtrait plus d'enfants de sexe masculin que féminin, que sur les 82 années inventoriées, cet état de fait n'a pas changé : il conclut que la probabilité d'une naissance d'un individu de sexe mâle égale à celle d'un individu de sexe féminin est *indéfendable*. C'est le test du signe.

Les religieux s'intéressent aux dénombrements et aux statistiques : Yahvé si l'on en croit l'Ancien Testament, fut le premier statisticien ! Aussi Derham, Baye, Price, Wallace se penchent-ils sur ce problème avec une onction toute ecclésiastique.

Homme d'église, philosophe et naturaliste, William Derham (1657-1735) devient chanoine de Windsor en 1716 et membre de Royal Society en 1730. Il publie en 1713 sa *Physico-theology or a demonstration of the being and attributes of God from his work of creation.* Dans 16 sermons prononcés de 1711 à 1712, il soutient que la providence divine fait bien les choses en faisant naître plus de mâles que de femelles dans le genre humain, ce qui confirme la nécessité de la monogamie et compense la mortalité plus élevée chez les hommes que chez les femmes, parce qu'ils sont plus audacieux, qu'ils meurent plus lors des guerres ou des naufrages. Il croit que la terre n'a jamais été surpeuplée et que le monde animal est équilibré du seul fait de l'équilibre entre la reproduction des animaux et la durée de leur vie. Les générations se succèdent et se remplacent, conformément aux paroles de L'Ecclésiaste. Le genre humain est soumis aux mêmes lois, les mariages, les naissances et les décès connaissent le même équilibre. Derham annonce Malthus et Darwin…

Thomas Baye (1702-1761), pasteur, mathématicien, étudie les probabilités dans un ouvrage intitulé Essay toward solving a problem in the doctrine of chance, parue en 1763 dans les *Philosophical transactions*. Cette communication posthume est publiée par les soins de son ami Richard Price. Le théorème de Baye énonce des probabilités conditionnelles : étant donné deux évènements A et B, on peut déterminer la probabilité de A sachant B. En médecine, si une maladie est rare, le risque d'être déclaré à tort positif a un impact très fort sur la fiabilité et expose au surdiagnostic.

Le pasteur Robert Wallace (1696-1771) est persuadé que, grâce à la monogamie, inspirée par la grâce divine, la population du globe a diminué depuis les temps bibliques. Il développe sa théorie dans son ouvrage : *Dissertation on the numbers of mankind in ancient and modern time*s, Edimbourg, 1753. Une traduction française est publiée à Londres, en 1754. Montesquieu (1689-1755) lui emboite le pas et n'hésite pas à dire dans la cent douzième missive de ses *Lettres Persanes* : *Après un calcul aussi exact qu'il peut l'être dans ces sortes de choses, j'ai trouvé qu'il y a à peine sur la Terre la dixième partie des hommes qui y étoient* *dans les anciens temps. Ce qu'il y a d'étonnant, c'est qu'elle se dépeuple tous les jours, et, si cela continue, dans dix siècles, elle ne sera qu'un désert. Voilà, mon cher Usbek, la plus terrible catastrophe qui soit jamais arrivée dans le Monde ; mais à peine s'en est-on aperçu, parce qu'elle est arrivée insensiblement et dans le cours d'un grand nombre de siècles ; ce qui marque un vice intérieur, un venin secret et caché, une maladie de langueur qui afflige la Nature humaine.*

Le pasteur Richard Price (1723-1791) est l'auteur des *Observations on reversionary payment*, Dublin, 1772. Ses tables de mortalités seront remises en cause par le gouvernement anglais en 1827 car elles surestiment la mortalité et majorent les rentes versées par le Trésor britannique. Néanmoins, il établit les moyens de créer des rentes réversibles calculées à partir d'une estimation de la durée vraisemblable de l'existence humaine à chaque âge, établissant la théorie purement mathématique des assurances sur la vie. Il étend sa méthode au calcul des assurances mutuelles, des créations de rentes viagères et des assurances de survie. Certes, il s'inspire des recherches de Simpson, de De Moivre et d'Halley, mais il analyse et réunit leurs concepts dans un objectif purement pratique et son ouvrage, complet, instructif et populaire, exercera une influence profonde et rapide.

On attribue à Abraham de Moivre (1667-1754) la découverte de la notion de mesure de la dispersion exposée dans un livre intitulé *The doctrine of chance*, 1718, trouvaille devancière de l'écart type, terme utilisé pour la première fois par Pearson, en 1893, qui le considère comme la racine carrée de la variance. Plus tard, dans *Annuties upon lives, or the valuation of annuities upon any number of lives ; as also, of reversions. To which is added, an appendix concerning the expectations of life and probabilities of survivorship*, Londres, 1725, de Moivre s'intéresse aux statistiques de mortalité reposant sur la théorie des annuités de Halley. Dans la seconde édition de sa *Miscellanea Analytica*, Londres, 1738, il démontre la première loi de probabilité (loi normale ou courbe de Gauss). Selon lui, le nombre des personnes en vie diminue selon une augmentation arithmétique de 0 à 86 ans.

William Heberden (1710-1801) publie les mortuaires anglais de 1657 à 1758 : *A collection of the yearly bills of mortality, from 1657 to 1758 inclusive. Together with several other bills of an earlier date*, Londres, 1759. Ce livre a été attribué abusivement à Thomas Birch. Heberden cite ses sources : Graunt, Petty, Morris. Les premières lignes de la préface soulignent la difficulté qu'il eut à récolter des données fiables sur la mortalité, l'âge où elle est survenue, les maladies qui l'ont provoquée : *A register of the birth, diseases, and deaths among any considerable numbers of people will easily afford much useful information to philosophers in general, as well as to the statesmen and physicians of the particular country, in which it is kept. For their fakes therefore, and by their means for the fake of the public, some pain have been taken to make as perfect a collection, as was possible, of all the London bills of mortality, from their beginning to his present year 1758. It can only be from a long series of such registers, that we are enabled to make any near approches to truth, in the calculations founded upon them, and the longer the series is, the nearer will our approaches be. But as this bills are published in loose leaves, and very little care has hitertho been taken to preserve them, it is evident, that the keeping of this register has lost a great part of its use. For it is become a matter of great trouble to find any number of bill together, greater perhaps that many of those would choose to take, who are able, and might be willing, to draw out several important conclusions from them, when thrown in their way, as by the present publication.*

Cité par Deparcieux, en même temps que de Moivre et Kerseboom, Thomas Simpson (1710-1761), en 1740, publie une brochure sur les probabilités : *The nature and laws of chance* dans laquelle il écrit : *The probability of the Happening of an Event is to be understood as the Ratio of the Chances by which that Event may happen, to all the Chances by which it may either happen or fail. As, supposing it were required to express the Probability of throwing either an Ace or Duce the first Throw with a single Die ; then there being in all 6 different Chances or Ways that the Die may fall, and only 2 of them for the Ace or Duce to come upward, the Probability of the Happening of one of these will be 2/6 or 1/3, and that of the contrary 4/6 or 2/3 : Or, more generally, supposing there be* a *chances of an Event, and* b *Chances for the contrary ; then the Probability of Happening will be* $a/a+b$*' and that of Failing* $b/a+b=1-a/a+b$*'. COROLLARY* : *Hence it appears, that if the Probability of the Happening of an Events be substracted from*

Unity, the Remainder will be the Probability of its Failing, and vice versa. Il s'inspire des travaux d'Abraham de Moivre pour écrire *The doctrine of annuities and reversions* ..., Londres, 1742. Encore un destin exceptionnel : ce fils de tisserand apprend les mathématiques de lui-même dans sa jeunesse et s'intéresse très tôt à l'astronomie. Il abandonne son métier de tisserand et enseigne les mathématiques. Féru d'ésotérisme, il doit s'exiler à Derby puis à Londres pour avoir convoqué le diable ... Brièvement, il redevient tisserand puis termine sa vie comme professeur de mathématiques à Woolwich après avoir été élu à la Royal Society. Son ouvrage le plus important *The doctrine and application of fluxion*, Londres, 1750 est le meilleur livre du XVIIIe traitant de la méthode d'interpolation de Newton-Cotes au moyen d'un polynôme de degré 3. Il diffuse la méthode de Newton au calcul itératif des solutions d'une équation non linéaire, en utilisant les dérivées. Il passe à la postérité grâce à la méthode d'intégration numérique qui porte son nom : la méthode de Simpson, qui consiste à réunir trois points successifs d'une courbe et à substituer à l'arc de courbe passant par ces trois points, un arc de parabole pour évaluer l'aire sous la courbe. Simpson est étonné de la différence entre les chiffres de Halley et ceux de Smart : *I presume the method I have had recourse to upon this occasion is such, as is not liable to any reasonable objections ; and, as to the difference that may arise from any uncertainty or error in the accounts of the parish-clerk, it can be but very little, because if the age happens to be given in a little too high on time, there is the same chance of its being put down as much too low another.*

C'est en Angleterre, à la fin du XVIIIe siècle que nait la représentation graphique des données. William Playfair (1759-1823) est l'inventeur de l'histogramme : en 1786, il édite *The commercial and political atlas,* traduit en français par François Denis Donnant en 1802 : *Elémens de statistique, où l'on démontre, d'après un principe entièrement neuf, les ressources de chaque Royaume, Etat, République de l'Europe ; suivis d'un état sommaire des principales Puissances et Colonies de l'Indostan,* Paris, An XI-(1802) : *Chaque cercle représente le pays dont le nom est gravé au-dessous, et tous sont placés dans le rang qu'ils doivent occuper suivant leur étendue. Les lignes peintes en rouge qui s'élèvent sur la partie gauche d'un pays, expriment le nombre de millions d'habitants, mesuré sur l'échelle qui s'étend de droite à gauche de chaque division ; chaque ligne est un million, ainsi qu'on l'a marqué à l'extrémité des lignes. Les lignes jaunes sur la droite de chaque pays, représentent le revenu en livres sterling, mesuré sur l'échelle millionnaire de la population. Les nations que nous avons représentées en vert, sont les puissances maritimes ; celles que nous avons représentées en rouge pâle, sont les puissances de terre. (On peut juger par la proportion de ces deux couleurs dans un même cercle, de celles des forces de terre et de mer). Les chiffres mis au-dessus de chaque cercle (comme le nombre 5 sur la Russie et 14 sur la Suède), indiquent le nombre d'habitans par mille*[2]. *Les lignes pointées entre celles qui indiquent la population et celles qui indiquent le revenu, ne sont destinées qu'à réunir les deux mesures de chaque nation. L'élévation de ces lignes de gauche à droite, ou de droite à gauche, montre la proportion qui existe entre la population et les revenus d'un état ; de sorte qu'on peut voir, du premier coup d'œil, si un pays est surchargé de taxes, ou non.* L'ouvrage contient quatre tableaux : le premier concerne les puissances européennes avant 1789 ; le second représente la situation des puissances européennes après la signature du traité de Lunéville correspondant à l'extension du territoire de la France et à la diminution de celui de l'Allemagne ; le troisième figure la population des grandes capitales d'Europe, les cercles représentant la proportion respective de leur population ; enfin, le quatrième tableau montre les puissances de l'Indostan. Playfair souligne l'attrait visuel de ces représentations qui facilite leur compréhension et permet de comprendre leur chronologie.

Et puis vient Thomas Robert Malthus (1766-1834) : il constate que les populations augmentent selon une progression géométrique et qu'en revanche, les ressources pour subvenir à leur survie, s'accroissent selon une progression arithmétique. Il propose donc la limitation des naissances par leur contrôle, par l'avortement, par le célibat voire par la chasteté volontaire. Il range la misère, avec son cortège d'insalubrités et de disettes, parmi les facteurs qui retardent la croissance des populations. Bien entendu, la guerre est un frein actif à la reproduction de l'espèce humaine, notamment en propageant les épidémies. Son livre : *An essay on the principle of population, as it affects the future improvement of society*, est publié à Londres en 1798. Le passage suivant, cité par Guillard, ne se trouve que dans les premières éditions de l'*Essai*, Malthus l'ayant enlevé par la suite : *Un homme qui nait dans un monde déjà occupé, si sa famille n'a pas les moyens de le nourrir, ou si la société n'a pas besoin de son travail, cet homme, dis-je, n'a pas le moindre droit de réclamer une portion quelconque de nourriture, et il est réellement de trop sur la terre. Au grand banquet de la nature, il n'y a point de couvert mis pour lui. La nature lui commande de s'en aller, et elle ne tardera pas à mettre elle-même cet ordre à exécution.* Edifiant ! Souvent rééditée, cette œuvre influencera Darwin et Robert Wallace (1697-1771) dans leur théorie de la sélection naturelle.

Malthus eut un disciple en la personne de Francis Place (1771-1854), ouvrier tailleur autodidacte, fervent partisan du contrôle des naissances : *Illustration and proofs of the principe of population including an examination of the proposed remedies of Mr. Malthus and a reply to the objections of Mr. Godwin and others*, Londres, 1822.

C'est à propos de l'inoculation que James Jurin (1684-1750), mathématicien, physicien, météorologue, médecin et physiologiste, applique la statistique au bilan de l'inoculation et contribue puissamment à son adoption en Angleterre après 1720. Il écrit à son confrère Caleb Coteswurth en 1724 : *L'intérêt que vous prenez au bien de l'humanité, & dont vous donnez tant de preuves me fait présumer que c'est avec une vive douleur que vous êtes témoin de la rigueur & du danger de la petite vérole. Sans parler du ravage qu'elle a fait cette année en diverses parties du Royaume, nous l'avons vue dans cette Ville & ses fauxbourgs, enlever pendant quelques-uns des mois passés cent personnes par semaine, en prenant un milieu. Cette considération doit sans doute nous engager à prendre des mesures propres à arrêter le cours d'une maladie si meurtrière.* Suit un tableau énumérant 182 cas d'inoculations sur lesquels deux personnes seraient mortes. Jurin cite la lettre de Mather de Boston, qui, sur 300 inoculations, déplore 5 ou 6 décès dont il n'est pas certain qu'il faille les attribuer à la variole inoculée. Après avoir exposé divers calculs sur la mortalité lors des épidémies de variole, il conclut :

1° Que de tous les enfants qui naissent, il en mourra tôt ou tard 1 sur 14 de la petite vérole.

2° Que des personnes de tous âges malades de la petite vérole naturelle, il en mourra une sur 5 ou 6, ou bien 2 sur 11.

3° Que des personnes de tous âges inoculés sans égard à leur santé & leur constitution, comme cela fut fait dans la Nouvelle Angleterre, il en mourra seulement 1 sur 60.

4° Qu'enfin des personnes inoculées en Angleterre avec autant de soins qu'y ont mis les Introducteurs habiles de cette pratique parmi nous, il n'en périra qu'un sur 91, & cela en accordant ce qu'on peut contester, que les deux personnes mortes après l'Inoculation, soient mortes de ses suites. Jurin rappelle qu'à Constantinople et ses environs, depuis quarante ans, plusieurs milliers de personnes avaient été variolisés par une Grecque sans qu'on eut à déplorer une seule mort mais Eloy contestera la validité de ses évaluations. *A letter containing a comparison between the mortality of the natural small-pox, and that given by inoculation*, Londres, 1723.

Pays-Bas : Kerssboom… Voltaire, sans oublier Struyck !

Très intéressé par les calculs sur les rentes viagères et rachetables, par les placements d'état en viager, par la théorie des annuités, par la réforme de la fiscalité et de l'économie des Pays-Bas, Willem Kerssboom (1691-1771) est l'auteur d'une célèbre table de mortalité ou de survie : *Tweede vehandeling bevestigendede preeve omte weetende probable meenigte des volks* …, La Haye, 1742. Dans l'article *âge* du *Dictionnaire philosophique*, Voltaire (1694-1778) s'est inspiré de ces écrits.

Voici ce qu'en retient l'ermite de Ferney : *En 1741 M. de Kersboom me communiqua ses calculs sur la ville d'Amsterdam ; en voici le résultat : Sur cent mille personnes il y en avait de mariées 34500, d'hommes veufs, seulement 1500, de veuves, 4500. Cela ne prouverait pas que les femmes vivent plus que les hommes dans la proportion de 45 à 15, et qu'il y eut trois fois plus de femmes que d'hommes : mais cela prouverait qu'il y avait trois fois plus de hollandais qui étaient allé mourir à Batavia, ou à la pêche de la baleine, que de femmes, lesquelles restent d'ordinaire chez elles ; et ce calcul est encore prodigieux.* Il ajoute : *Célibataires, jeunesse et enfance des deux sexes 45000, domestique : 40000, voyageurs : 4000. Somme totale : 99500 ... Selon lui* (Kerssboom), *dans une grande ville, de vingt-six mariages il ne reste environ que huit enfants. Sur mille légitimes, il compte soixante-cinq bâtards. De sept cents enfants, il n'en reste au bout d'un an environ 560, au bout de dix ans 445, au bout de vingt ans 405, à quarante ans 300, à soixante ans 190, au bout de quatre-vingts ans 50, à quatre-vingt-dix ans 5, à cent ans personne 0.* Dans l'article *population* du même *Dictionnaire,* il estime la population terrestre à neuf cents millions d'individus et conteste l'estimation de Wallace qui non seulement avance le chiffre d'un milliard d'humains mais estime qu'autrefois les terriens comptaient 1610 millions d'individus.

Le frère ennemi de Kerseboom se nomme Nicolaas Struyck (1687-1769), conteste ses chiffres concernant la démographie et évoque leur querelle de 1727. Fils d'un orfèvre d'Amsterdam, il appartiendra à la Royal Society de Londres et à l'Académie Royale des sciences de Paris. Ses ouvrages sont essentiellement consacrés au calcul des probabilités, à la comptabilité, à l'astronomie. Il s'est fait un nom comme géographe et comme astronome. On peut lire dans *Les oeuvres de Nicolas Struyck, 1687-1769, qui se rapportent au calcul des chances, à la statistique générale, à la statistique des décès et aux rentes viagères tirées des oeuvres complètes et traduites du hollandais par J. A. Vollgraff, et offertes aux membres du septième congrès international d'actuaires, réunis à Amsterdam en septembre 1912 par la Société générale néerlandaise d'assurances sur la vie et de rentes viagères* : *Il est vrai que quelques personnes s'imaginent qu'il est impossible de faire un calcul des chances du jeu et que tout n'y dépend que du hasard. Mais l'expérience fait voir qu'avec deux dés ordinaires on jettera plus souvent sept que douze points et la même chose peut se tirer du calcul des chances attendu qu'il y a six cas qui donnent sept points et un seul qui en donne douze. D'autres vont encore plus loin par superstition et croient que la veine ou la déveine dépendent des personnes, des temps et des lieux. Nous nous servirons de l'hypothèse suivante qui ne nous paraît pas déraisonnable : l'ensemble des mises doit être partagée en raison des chances que chacun a de gagner la partie. Car il y a deux joueurs* ***A*** *et* ***B*** *ayant* *l'un et l'autre la même chance de gagner un certain jeu, quelle raison pourrait-on inventer qui nous porterait à croire que* ***A*** *triomphera plutôt que* ***B ?*** *Il n'y en a évidemment aucune, non plus pour soutenir le contraire. Par conséquent s'ils ne veulent pas que le résultat dépende du hasard, en d'autres termes s'ils veulent partager, il est clair que chacun doit avoir la moitié.* Son premier ouvrage date de 1716 et s'intitule en effet : *Calcul des chances au jeu, au moyen de l'arithmétique et de l'algèbre ...* Beurstraat ; en 1733, il publie *La véritable méthode pour trouver le pair dans le change* ... qu'on ne retrouve pas dans ses bibliographies. En 1740 paraît : *Introduction à la géographie générale*, Amsterdam ... suivi en 1753 de : *Suite de la description des comètes et découvertes plus détaillées concernant l'état du genre humain, basées sur des expériences, en même temps que quelques observations astronomiques, géographiques et autres*, Amsterdam. Il y écrit : ... *je me contenterai de dire que si l'on a bien construit le tableau de la mortalité, on peut calculer les rentes viagères avec toute l'accuratesse* (précision) *désirable.* En conclusion, il estime que si l'on désire en savoir plus long sur l'état du genre humain, il faudrait approfondir notre connaissance des phénomènes qui produisent les naissances et les décès. Pour cela, la condition essentielle à satisfaire serait de pratiquer des recensements rigoureux de la population des grandes métropoles, des provinces, et des nations, et de connaître le nombre des naissances et des décès qui s'y produisent chaque année.

Allemagne : Süssmilch, Crome

Mais c'est un économiste, Gottfried Achenwall (1719-1772) qui est un des inventeurs de la statistique : *Abriss der Staatwissenschaft der Europaïschen Reiche*, Göttingen, 1749 (Eléments de la statistique des principaux états d'Europe). Il la définit comme : *L'ensemble de ce qui est vraiment remarquable dans un état pris dans son sens le plus général et l'exposé des éléments d'existence de cet état ou de plusieurs autres, c'est la statistique.* Son successeur, l'historien Auguste Louis de Schloezer (1735-1809), est l'un des premiers à reconnaître l'utilité de l'application de la statistique à l'histoire. Il écrira : *La statistique a pour but de faire connaître tous les objets dont se compose la puissance d'un état ... L'histoire est la statistique en mouvement, et la statistique est l'histoire en repos.*

Le pasteur et démographe prussien Johann Peter Süssmilch (1707-1767), aumônier de l'armée de Frédéric II, est l'auteur d'un ouvrage qui mêle les considérations philosophiques, théologiques, politiques et socio-économiques aux pures mathématiques : *Die göttliche Ordnungin denen Veränderungen des menschlichen Gechschlecht*s (La répartition divine des variances de sexe du genre humain), Berlin, 1742. Animé d'une ardente foi religieuse, il voit dans la démographie le signe selon lequel la divine providence gouverne les phénomènes humains. Il adhère sans difficulté au despotisme éclairé avec un état tout puissant, protecteur des classes pauvres, règlementant d'une main de fer les prix, les salaires, la protection sociale. Tout cela dirigé d'en haut par un Dieu mathématicien ultime qui organise le temps et la nature, la vie et la mort. En 1761, paraît la seconde édition de *l'Ordre divin* : cette fois, l'auteur met au premier plan la mortalité selon le sexe, les lieux, les causes, les saisons. Il évalue la natalité à une naissance pour 27 ou 28 habitants. Ses conceptions sont proches de celles d'Arbuthnot *: Le plus sage des Créateurs a établi la loi de nature suivante : dans l'ensemble, le nombre de garçons qui naissent est supérieur à celui des filles. Il semble donc qu'il y a plus de membres de sexe masculin que du sexe féminin, mais, comme il sera démontré plus tard, les garçons meurent en plus grand nombre au cours de l'enfance, ce qui fait qu'à l'âge adulte l'égalité se retrouve à peu de choses près ... S'il y avait par contre 2 fois, 3 fois ou plus de femmes pour un homme, il en résulterait nécessairement la polygamie. J'ai déjà expliqué précédemment que la polygamie n'était pas favorable à la fécondité et à la multiplication parce que les hommes sont très rapidement usés et qu'il en résulte d'innombrables maux. Admettons qu'il eut plu au plus sage des créateurs de faire en sorte que la fécondité fut proportionnée au nombre de femmes et que l'homme eût conservé ses forces : dans ce cas la reproduction et le doublement eussent été trop rapides, et la charge de la nourriture et de l'éducation des nombreux enfants eût été trop lourde. La monogamie évite tous ces inconvénients.* Nous verrons qu'il collabore avec Euler et lui fournit les matériaux démographiques de ses Recherches générales sur la mortalité et la multiplication du genre humain.

Économiste et statisticien allemand, professeur de caméralisme (science de l'administration) à l'Université de Giessen, August Friedrich Wilhelm Crome (1753-1833) est passé à la postérité pour avoir créé la première carte économique de l'Europe : *Neue Karte von Europa welche die merckwürdigsten Producte und vornehmsten Handelspläze nebst dem Flächen-Inhalt aller Europäischer Länder in deutschen Quadrat-Meilen enthält*, 1782, (Nouvelle carte de l'Europe qui contient les produits les plus étranges et les plus prestigieux des places commerciales ainsi que le contenu de la surface de tous les pays européens en miles carrés allemands). Il évalue la population de la Saxe, en 1812, à 989 717 habitants, en 1813, à 1 001 630. Pour l'électorat de Hesse, il estime que sur 567 868 personnes, en 1818, 143269 vivent dans 62 villes, 424 599 dans 1275 villages et 404 fermes. Le nombre d'habitations s'élève à 88 428 maisons. Pour Crome, dont le Grand-Duché de Hesse est le pays natal, le pays est peuplé de 640 563 habitants, comprend 65 villes, 2163 agglomérations plus modestes, 99 141 habitations. En 1825, il réfute l'assertion qui classe la Hesse parmi les pays industriels, les filatures et les forges étant de nature artisanale. Crome attribue 302 769 habitants, en 1819, à la Hesse-Nassau ; 401 777 habitants au duché de Mecklembourg-Schwerin. Le Mecklembourg-Strelitz selon lui comporte, en 1817, 8 villes, 2 bourgs, 150 villages, 157 domaines et 68 seigneuries. Le Duché de Saxe-Cobourg et Gotha, d'après Crome, garde une économie agricole avec néanmoins de l'artisanat, des brasseries, des distilleries, des filatures. En désaccord avec Hassel, Crome pense que le duché de Saxe-Weimar-Eisenach compte 33 villes, une dizaine de bourgs et 679 villages. Pour le duché de Saxe-Altenbourg, d'accord avec Hassel, il dénombre 9 villes, 3 bourgs, 566 villages. Il n'est pas fait mention de chiffres statistiques émanant de Crome pour le duché de Saxe-Meiningen-Hildeburghausen et pour les états lilliputiens excepté les duchés d'Anhalt-Bernburg, de la principauté de Schaumbourg-Lippe. Parmi les villes libres, son nom est absent des dénombrements concernant Hambourg, Brême, Lübeck mais apparaît pour Francfort-sur-le-Main, ville qui, selon lui, soit ne faisait pas de recensements, soit les gardait secrets.

Suisse : Euler, Bernouilli, Ballexserd, et Necker ...

Leonhard Euler nait à Bâle en 1707. Ce fils de pasteur des Eglises réformées de Suisse, est très précocement reconnu comme talentueux en mathématique. Son père connaît la famille Bernouilli mais celui-ci refuse de prendre l'enfant comme élève, tout en le laissant jouer avec son fils Jean. Paul Euler le confie alors au professeur Johannes Burkhardt (1691-1743). En 1720, Leonhard est inscrit à l'université de Bâle. Trois ans plus tard il soutient une thèse dans laquelle il compare Descartes et Newton, et obtient sa maîtrise. Johann Bernouilli, sans lui donner de leçons, le conseille et constate ses exceptionnelles aptitudes pour les mathématiques. Son père voudrait bien qu'il devienne pasteur, mais Bernouilli le persuade que son fils a devant lui une belle carrière de mathématicien. En attente d'un poste universitaire, le jeune Euler reçoit une offre de l'académie des sciences de Saint-Pétersbourg. Il s'exile donc en Russie. Il devient l'assistant de Daniel Bernouilli puis lui succède. En 1741, il quitte les rives de la Neva pour Berlin mais ne s'entend pas avec Frédéric II. Il retourne donc en Russie où Catherine II l'accueille avec tous les honneurs. Il meurt en 1783. Vers le milieu de son existence, il se consacre à l'étude du calcul des probabilités. Ses mémoires sont publiés de 1752 à 1769 dans les tomes VII et XIII des *Mémoires de l'académie royale des sciences et belles-lettres de Berlin* et notamment les Recherches générales sur la mortalité et la multiplication du genre humain : *Les registres des naissances & des morts à chaque âge, qu'on publie en plusieurs endroits tous les ans, fournissent tant de questions différentes sur la mortalité & la multiplication du genre humain, qu'il seroit trop long de les rapporter toutes. Or les unes dépendent pour la plûpart en sorte des autres, qu'en ayant développé une ou deux, toutes les autres se trouvent pareillement déterminées. Comme les solutions doivent être tirées des régistres* (sic) *mentionnés, il est à remarquer, que ces régistres diffèrent beaucoup selon la diversité des villes, villages & provinces, où ils ont été dressés : & par la même raison les solutions de toutes ces questions se trouvent fort différentes selon les régistres sur lesquels elles sont fondées. C'est pourquoi je me propose de traiter ici en général la plupart de ces questions sans me borner aux résultats que les régistres d'un certain endroit fournissent ; & ensuite il sera aisé de faire l'application à chaque endroit qu'on voudra. Or j'observe d'abord, que toutes ces questions prises en général dépendent de deux hypothèses ; lesquelles étant bien fixées il est aisé d'en tirer la solution de toutes. Je nommerai la première l'hypothèse de la mortalité par laquelle on détermine, combien d'un certain nombre d'hommes qui sont nés à la fois, seront encore en vie après chaque nombre d'années écoulées. Ici la considération de la multiplication n'entre point du tout en compte, & partant il faut constituer la seconde hypothèse, que je nommerai celle de la multiplication ; et par laquelle je marque de combien le nombre de tous les hommes est augmenté ou diminué pendant le cours d'un an. Cette hypothèse dépend donc de la quantité des mariages & de la fécondité, pendant que la première est fondée sur la vitalité ou le pouvoir de vivre, qui est propre aux hommes.* Il termine en remerciant Sussmilch pour lui avoir fourni la matière de sa communication : *Je n'ai aussi traité ces questions qu'en général sans les borner à quelque endroit particulier : or, pour en tirer tous les avantages, tout dépend d'un grand nombre d'observations faites en plusieurs endroits différens, tant du nombre de tous les vivans & des naissans pendant un ou plusieurs ans, que du nombre des morts avec leur âge. Comme c'est un article fort difficile à bien exécuter, nous devons être très redevable à Mr. Sussmilch, Conseiller du Consistoire supérieur, qui, après avoir surmonté des obstacles presque invincibles, nous a fourni un si grand nombre de telles observations, qui paroissent suffisantes pour décider la plupart des questions qui se présentent dans cette recherche. Et en effet, il en a déjà tiré lui-même tant de conclusions importantes, que nous pouvons espérer qu'il portera par ses soins cette science au plus haut degré de perfection dont elle est susceptible.*

Gouraud écrira à son propos : *Euler parut à son tour dans la lice, et aussitôt qu'il y parut, toute l'attention fut pour lui. On serait bien étonné de ne pas rencontrer ce grand nom dans les annales de la théorie des hasards : il n'est pas un chapitre de l'histoire du progrès des mathématique où il ne se trouve. Euler se montra dans celui-ci avec sa gloire habituelle. Vers le milieu de sa vie environ, il commença de consacrer à l'étude du Calcul des probabilités une part de l'universelle attention qu'il répandait sur toutes les branches de l'analyse. On le vit s'occuper d'abord de la résolution de très difficiles problèmes de jeu : l'algèbre dans ces curieuses études fit entre ses mains les plus heureux progrès, elle s'étendit, elle s'assouplit, elle s'habitua pour ainsi parler à ne reculer devant l'explication d'aucune des énigmes de la fortune. Le grand géomètre se livra ensuite au perfectionnement d'une méthode qui, malgré l'invention des nouveaux procédés de De Moivre et de Daniel Bernouilli avait toujours un usage considérable dans la détermination mathématique des hasards, la méthode des combinaisons ; et ses mémoires sur ce sujet serviront de correction et de complément à tout ce qui en avait été dit depuis Fermat : 1er mémoire dans les Comm. Acad. Petr.,* ***XIII*** *; les deux autres dans Novi Comm.* ***X*** *&* ***XVI****. Enfin Euler ajouta à ces travaux divers des recherches entièrement originales sur un sujet de la plus grande élévation : il donna les premières idées de la méthode de prendre le milieu entre les résultats des observations : Cautiones necessariae in determinatione motus planetarum observandae, Act. Acad. Petr.,* ***III,*** *méthode d'un grand usage en astronomie qui appartient peut-être plus encore par sa forme et son but au domaine de cette science qu'à celui de la théorie des hasards, mais qui a trouvé dans la culture de cette théorie son origine et une partie de ses progrès.*

Daniel Bernouilli (1700-1782), médecin, botaniste, mathématicien et physicien suisse, fils de Jean (1667-1748), est en relation scientifique étroite avec Pierre Louis de Maupertuis (1698-1789). Bernouilli substitue l'idée de probabilité à la notion de fréquence. Quelle chance de tirer une boule blanche ou une boule noire ? Quelle éventualité pour que la pièce de monnaie tombe sur l'avers ou le revers ? Si dans une épreuve, la probabilité d'une occurrence est ***p*** et si l'on renouvelle l'épreuve un grand nombre de fois, le rapport entre le nombre de fois que se manifeste l'événement et le nombre total d'épreuves, autrement dit la fréquence ***f*** tend à se rapprocher de plus en plus de la probabilité ***p***. Autrement dit, si le nombre d'essais est suffisamment grand, il devient totalement improbable que l'écart entre ***f*** et ***p*** dépasse une valeur quelconque, si minime soit-elle, donnée à l'avance. Bernouilli écrit à ce sujet : *Le principe fondamental de ma méthode est que, dans les jeux de hasard, la valeur du sort ou de l'attente de chaque joueur est* *précisément ce qu'il faudrait qu'il eût pour parvenir de nouveau, en jouant à jeu égal, à un sort ou à une attente semblable. Par exemple, si quelqu'un cache trois sous dans une main et sept sous dans l'autre, et qu'il m'en donne le choix, je dis que cet avantage est le même pour moi que s'il me donnait cinq sous ; car avec cinq sous, je puis me retrouver dans le cas d'avoir une attente égale pour trois sous ou pour sept sous, et cela en jouant à jeu égal ... On peut conclure de ce qui précède que le mot attente ne doit pas se prendre ici dans le sens ordinaire, selon lequel attendre ou espérer se rapporte à l'événement le plus favorable, quoique le contraire puisse arriver ; mais on doit entendre par ce mot l'espérance que nous avons d'obtenir le meilleur, tempéré et diminué par la crainte du pire ; de sorte que la valeur de notre attente signifie toujours quelque chose d'intermédiaire entre le meilleur que nous espérons et le pire que nous craignons : c'est de cette manière qu'on doit l'interpréter ici et dans ce qui va suivre* ... Il a l'idée d'appliquer le calcul des probabilités aux résultats de l'inoculation. C'est dans l'air du temps et c'est dans ses gènes puisque son oncle Jacques (1654-1705) et son cousin Nicolas (1687-1759) avaient appliqué ce mode de calcul à des sujets aussi divers que la finance, le droit ou l'assurance. En avril 1760, au cours de diverses séances, La Condamine lit devant l'Académie des sciences le mémoire de Bernouilli intitulé : Essai d'une nouvelle analyse de la mortalité causée par la petite vérole, & des avantages de l'inoculation pour la prévenir, tant dans sa version abrégée que dans sa version intégrale. Ce travail de modélisation, suggéré par Maupertuis en 1759, ne sera édité qu'en 1766 du fait des retards infligés par la Guerre de Sept-Ans. Il démontre que la variolisation augmente de plus de trois ans l'espérance de vie des personnes inoculées. Un article signé de l'auteur paraît dans le Mercure de France en juin 1760. L'article paru dans *l'Histoire de l'Académie royale des sciences* analyse en détail le mémoire du mathématicien suisse, soulignant le côté novateur de son travail : *Nous terminerons ici cette analyse du Mémoire de M. Bernouilli, dans lequel on trouvera encore l'examen de plusieurs autres questions sur cette matière ; questions également intéressantes par leur utilité, par la finesse & l'étendue des vues que l'Auteur y expose, & enfin par la nouveauté de l'application de l'analyse à ces sortes de questions*. Dans *L'art de conjecturer, traduit du latin de Jacques Bernoulli, avec des observations, éclaircissemens et additions par L.-G.-F. Vastel*, Caen, an X-1801, Bernouilli établit les fondements du calcul des probabilités. Cette traduction contribuera à faire connaître les travaux du mathématicien helvétique en France et en Europe. L'édition originale, *l'Ars Conjectandi,* avait été publiée, à titre posthume, en 1713.

Jacques Ballexserd (1728-1774), médecin genevois, est l'auteur d'une *Dissertation sur les causes principales de la mort d'un aussi grand nombre d'enfants, et quels sont les préservatifs les plus efficaces & les plus simples pour leur conserver la vie*, Genève, 1775. Cet ouvrage, récompensé par l'Académie des sciences de Mantoue en 1772, reflète l'état d'esprit du corps médical de l'époque qui mêle l'inné et l'acquis pour chaque individu, bien avant l'arrivée de Darwin … On trouve cette remarque statistique parmi les notes réunies à la fin de l'ouvrage : *Des calculateurs politiques ont remarqué qu'il mouroit dans les grandes villes un habitant sur vingt-huit, dans les petites, un sur trente-quatre, & qu'à la campagne ce n'était que sur trente-huit. On ne vit à Paris, l'un portant l'autre que vingt-deux à vingt-trois années, encore n'a-t-on pas compris les extraits-mortuaires de cette multitude d'enfans qui périssent en nourrice, hors de la capitale où ils sont nés. A Genève & sur son territoire d'après un calcul exact fait sur 6706 naissances le terme moyen de la vie s'est étendu jusqu'à l'âge de trente-six ans. Et au contraire à Londres & aux environs, d'après les tables que Mr. Sympson a publié en 1742, il paroit que plus de la moitié des Individus humains succombe avant l'âge de trois ans ; nombre incroyable si l'exemple de Mr. Bermingham Chirurgien Anglois qui a écrit un mémoire sur la manière de bien nourrir & soigner les enfans nouveaux-nés, ne venoit à l'appui de ces tables : « Je suis fils, dit-il, d'une mère qui a eu vingt-six enfans, dont quatre avant terme : Je suis le seul que ma mère ait nourri, & aussi le seul qui vive, quoique hors d'Angleterre ma patrie ».* Note 31.

Né à Genève en 1732, mort à Coppet en 1804, sur les bords du Léman, Jacques Necker, père de madame de Staël, est indissociable de l'histoire de la Révolution et des dernières années de la royauté puisque Louis XVI en fait le directeur du Trésor royal en 1776 puis des finances, à défaut de le nommer contrôleur général, ce que lui interdit son appartenance à la religion réformée. Limogé en 1781, rappelé, il est ensuite renvoyé à l'instigation d'une cabale de financiers. Lâché par le roi, c'est avec accablement qu'il quitte le pouvoir, acclamé par une foule qui lui témoigne sa sympathie. Il sait probablement qu'il reviendra … C'est à cette époque qu'il publie les trois volumes de son ouvrage intitulé : *De l'administration des finances de la France*, 1784. On y trouve notamment un imposant récapitulatif de 29 rubriques successives énumérant les ressources de l'état dues aux impôts. Cet étalage de chiffre inspire à Necker cette réflexion amère : *On vient de présenter le tableau des contributions des peuples ; on vient de montrer que sans y comprendre le logement des gens de guerre, l'assujettissement à la milice & au service de mer, ces contributions s'élevoient à 585 millions. Les hommes indifférents, les froids politiques, n'appercevront peut-être dans cette immensité d'impots, que les grandes ressources de la France. Sans doute on en peut tirer cette induction ; mais je voudrois que le premier mouvement fut un autre sentiment, une autre pensée. Je voudrois que l'administration ne vit pas seulement dans un pareil tableau la puissance politique du Monarque, mais qu'elle y lût encore en lettres de feu l'effrayante étendue des sacrifices qui sont exigés des peuples : je voudrais que tournant ses regards vers l'état malheureux des habitants des campagnes, sa compassion s'éveilla, & que se livrant à une émotion salutaire, elle considéra l'immensité des charges publiques comme un noble & vaste champ, où la sagesse et la bienveillance du Souverain peuvent s'exercer sans cesse.* Il s'intéresse à la démographie du royaume : de 1771 à 1780, il dénombre 9.409.358 naissances, 8.184.918 décès et 2.137.740 mariages. Il en déduit que la population française a augmenté en deux siècles, ce que confirme la consommation de sel qui est au plus haut depuis quelques années. Il est rappelé en 1788, soutenu par l'opinion publique qui lui est favorable. Le roi le renvoie une nouvelle fois en 1789 pour son absence lors de la séance royale de juin 89 puis le fait revenir pour apaiser les révolutionnaires après la prise de la Bastille. L'Assemblée nationale lui est hostile. Il démissionne en septembre 1790 et critique le nouveau principe d'égalité. Il réformera moins radicalement que Turgot, mais renforcera l'autorité du contrôle général des finances et fonctionnarisera cette administration, substituant aux officiers inamovibles, rémunérés à la commission, des fonctionnaires dont le salaire est fixe et le poste révocable. De 60, il réduit à 40 le nombre des fermiers généraux, ce que les milieux financiers ne lui pardonneront pas. Il créera des assemblées provinciales pouvant lever l'impôt, gérer le réseau routier et proposer au roi ce dont la province a besoin. Il utilisera les tables de mortalité et recourra au viager comme moyen d'emprunt pour renflouer les caisses de l'état. Sa critique de l'esprit de système mérite d'être reproduite : *L'esprit de système est sans doute un moyen d'alléger sa pensée et d'abréger ses occupations ; car en ramenant presque tout à quelque idée générale, il se dispense d'étudier, de comparer et de distinguer les nuances et les exceptions : je n'ai eu garde, cependant, de conseiller cette manière d'économiser le temp. C'est tailler un arbre en hauteur, au lieu de le faire servir à un salutaire ombrage, en l'émondant avec intelligence. L'on confond quelquefois l'esprit de système avec le génie, parce que l'un et l'autre rappellent les idées d'étendue et de nouveauté ; mais leur marche est bien différente. Le génie, en devançant les lumières de son siècle, augmente réellement la masse des connoissances utiles ; et l'esprit de système, en exagérant leur application, dénature au lieu de créer : le génie est cette faculté qui aide à rassembler une grande diversité d'objets, et à saisir la chaîne qui les lie ; l'esprit de système en généralise un petit nombre, et c'est par la domination d'un ou deux principes, qu'il unit forcément toutes les parties. Le génie respecte les opinions communes, en les considérant comme le résultat d'une longue suite d'observations ; et il honore le bon sens comme le gardien fidèle de ces mêmes opinions. L'esprit de système, au contraire, aperçoit partout des erreurs, parce que son attention, dirigée toujours sur la même ligne, ne voit jamais qu'une dimension, et il méprise le bon sens, qui tient aux maximes vulgaires, souvent sans pouvoir les défendre. Œuvres complètes de M. Necker publiées par M. le baron de Staël son petit-fils*, **5**, XXXVIII, Paris, 1820.

XIXe siècle

L'Europe et l'Amérique du Nord

C'est l'âge ingrat mais riche en promesses de la statistique en Europe et en Amérique du Nord, celui où s'installent dans le désordre les infrastructures qui à la fin du siècle, grâce aux congrès internationaux qui se tiendront de 1853 à 1876 à Bruxelles, Paris, Vienne, Londres, Berlin, Florence, La Haye, Saint Pétersbourg et Budapest, finiront par s'harmoniser.

France

En 1804, le successeur de Chaptal, Jean-Pierre Bachasson, comte de Montalivet (1766-1823) modifie les activités du bureau et les oriente vers le chiffrage des données, tendance confirmée par Emmanuel du Villard (1755-1832) qui établit un registre global et par départements, recensant les habitants par âge, profession, état matrimonial, naissance par sexe et légitimité, mort par âge, pathologie et activité professionnelle, répartition rurale des régions. Napoléon aime la statistique, ce *budget des choses* selon ses propres termes, à condition qu'elle soit à la seule disposition du gouvernement et ne bénéficie d'aucune publicité. Par conséquent, les services du ministère de l'intérieur, s'ils ne doivent certes pas réduire la collecte des documents ou des renseignements, sont tenus de diminuer de façon drastique leur publication, celle-ci se réduisant à quelques tableaux annexés aux *Exposés de la situation de l'Empire*. Le premier de ces exposés, 1er frimaire an IX (22 novembre 1800), intitulé *Exposé de la situation de la République*, est essentiellement à contenu politique mais décrit néanmoins la situation économique, l'état des voies de communication et celui de la marine de guerre. Un deuxième communiqué en date du 10 nivôse an XII (31 décembre 1804) bientôt suivi d'un troisième le 2 novembre 1808 intitulés *Exposés de la situation de l'Empire français,* présentent des généralités sur les améliorations en politique intérieure. Le quatrième *Exposés de la situation* le 12 décembre 1809, concerne la politique étrangère. Le cinquième, daté du 24 février 1813, est exclusivement statistique et économique. Enfin, le sixième et dernier, le 13 juin 1815, peu après le retour de l'île d'Elbe, est une critique virulente des mesures prises par la Restauration pendant les Cents Jours. C'est la réponse à *l'Exposé de la situation du Royaume présenté à la chambre des pairs et des députés le 12 juillet 1814* qui exposait les pertes des armées et de la marine françaises sous l'Empire, particulièrement en 1812 et 1813. Le travail des statisticiens sous le premier empire est considérable, son principal résultat étant l'établissement du cadastre. Le Bureau des statistiques disparaît en 1812, ressuscite pendant les Cent-Jours pour disparaître définitivement dans la morne plaine de Waterloo ! De 1815 à 1830, Louis XVIII et Charles X se soucient peu de statistiques. Néanmoins, dès 1819, on publie les *Comptes présentés au Roi sur le recrutement de l'armée,* et à partir de 1827, un *Compte général de l'administration de la justice criminelle* et un *Compte général de la justice civile et commerciale*. En 1816 apparaît le premier bureau municipal de statistique, celui de Paris qui, dès 1821, publie des *Recherches statistiques sur la ville de Paris* traitant notamment de démographie. Selon Jacques et Michel Dupâquier *quelques-unes des opérations effectuées sous la Restauration furent d'ailleurs remarquablement menées, en particulier le recensement parisien de 1817 qui fut l'occasion d'une grande « première » dans l'histoire de la sémiologie graphique : la représentation de la répartition des âges par une courbe* (*Histoire de la démographie,* Paris, 1985, 294). En 1829 sont fondées les *Annales d'hygiène publique et de médecine légale* dans lesquelles de nombreux médecins publieront. Suivent des successions de création, de suppression puis de rétablissement ou de rattachement à divers ministères d'administrations statisticiennes : en 1828, la création du ministère du commerce et des manufactures s'accompagne d'une section consacrée aux statistiques, section supprimée en 1829. En 1830, c'est carrément le ministère qui est supprimé et devient une branche spécialisée du ministère de l'intérieur. Mais voilà qu'en 1831 est créé un ministère du commerce et des travaux publics avec un département de statistique industrielle intégré au service des manufactures. En 1834, un Bureau de statistique générale est rattaché au commerce extérieur qui, en 1840, passe sous la coupe du sous-secrétariat d'état à l'agriculture et au commerce. Cette institution est supprimée en 1852, rattachée au ministère de l'intérieur, le bureau des statistiques dépendant de la même direction. Ces tribulations administratives se poursuivent en 1853 quand est constitué un ministère de l'agriculture, du commerce et des travaux publics. Trop heureux de supprimer, en 1855, cette direction qui l'encombre, ledit ministère accorde son autonomie à ce qui devient la division de la statistique générale dont le directeur est autorisé à travailler directement avec les ministres. Cet état de chose dure jusqu'en 1870, date à laquelle la division redevient un simple bureau associé à la comptabilité.

Amputées de l'Alsace-Lorraine en 1871, qui devient terre d'empire, les régions de l'est bénéficient d'un bureau de statistique particulier. Il faut attendre 1877 pour réorganiser la statistique municipale et 1878 pour voir se succéder à la tête de la Commission spéciale Louis-Adolphe Bertillon puis son fils Jacques Bertillon. Lille, Nancy, Le Havre, Marseille emboîtent le pas à la capitale. Dès cette date, l'Europe comprend au minimum 30 bureaux municipaux : Hongrie, Allemagne, Russie, Italie, dont les plus dynamiques sont ceux de Budapest avec Köösi, de Berlin avec Böckh et de Paris, avec J. Bertillon.

En fait, la statistique et les statisticiens sont mal perçus par le monde administratif, politique et même par les scientifiques. Personne n'est intervenu pour leur déblayer le terrain tant en France qu'à l'étranger. L'article d'Alfred Legoyt (1815-1885), dans le *Dictionnaire encyclopédique des sciences médicales*, qui date de 1883, est très explicite sur ce point : *Même de nos jours nous avons vu des pays très éclairés comme la Belgique et la Hollande supprimer des organismes qui étaient pour elles de précieux auxiliaires (commissions centrales). Malgré les imperfections du congrès international de statistique et de sa commission permanente, peut-être y avait-il lieu de les conserver en les améliorant et en leur prêtant un concours financier qui aurait assuré leur existence. En France, la statistique a rencontré, dans les diverses administrations centrales, des hostilités tantôt sourdes, tantôt ouvertes. Quand, après le congrès de Bruxelles, le chef du bureau français de la statistique générale, fit adopter par le ministre compétent, un remaniement complet de son service dans le sens des principales et si remarquables résolutions de cette assemblée, préfectures, sous-préfectures et mairies firent entendre les plus vives réclamations, prétendant que la réunion des nouveaux documents qui leur étaient demandés imposait à leurs bureaux des travaux excessifs et de nature à compromettre l'expédition en temps utiles des affaires administratives* (sic). *Le ministre de l'Intérieur, le chef de l'état* (Napoléon III*) lui-même, furent saisis directement par plusieurs préfets de plaintes qui ne tendaient à rien moins qu'à la suppression complète du service dont les exigences compromettaient, à les entendre, les intérêts les plus graves du pays. D'après les auteurs de ces plaintes, la popularité même du Prince était compromise par les dispositions malveillantes que les enquêtes nouvelles suscitaient au sein de la population.* Le ministre de l'Agriculture, du commerce et des travaux publics de l'époque, Eugène Rouher (1814-1884), résiste aux pressions et sauve les services de la statistique tout en réduisant le nombre des enquêtes qui leur sont confiées.

Mais, en dehors des sphères gouvernementales et politiques, certains chefs d'entreprises ont compris l'intérêt des évaluations statistiques des données de l'économie. C'est le cas de Jean-Baptiste Say (1767-1832), industriel du coton, huguenot libéral, auteur de la loi des débouchés qui implique un équilibre global entre l'offre et la demande excluant toute surproduction.

Dans son *Traité d'économie politique*, Paris, 1803, Say soutient les hypothèses de Malthus mais, comme chef d'entreprise, avec un correctif qui est celui de la production : *Si les besoins d'une nation sont grands, la même quantité de produit n'y fera pas subsister autant de monde que dans une supposition contraire. Toujours est-il vrai que, toutes choses étant d'ailleurs égales, le nombre des hommes se proportionnera à la quantité des produits ... La difficulté n'est pas de faire des enfants, mais de les entretenir.* On parlera désormais loi de Say. En 1820, dans ses *Lettres à M. Malthus sur différens sujets d'économie politique notamment sur les causes de la stagnation générale du commerce,* il objecte à Malthus que si les marchandises ne se vendent pas c'est parce qu'elles ne sont pas produites et que la production et elle seule ouvre des débouchés aux produits. L'industrie crée des objets nécessaires aux nations, ces besoins suscitent de nouvelles populations et leur procurent de nouvelles satisfactions. Mais tout ceci n'est possible parce que les cultivateurs, les négociants et même les manufacturiers créent des produits au moyen desquels ils acquièrent ceux qu'on leur offre par ailleurs.

Allemagne

Au XVIIe siècle on parle de *Staatwissenschaft* substantif qui concrétise la notion de connaissance descriptive et non quantitative de l'état.

Dans le monde, la Prusse, amputée de la moitié de son territoire après la défaite d'Iéna le 14 octobre 1806 et le traité de Tilsitt en juillet 1807, fait exception. Elle abandonne la vieille structure politique médiévale pour créer un état moderne possédant cinq ministères et constitué de territoires sectorisés. En commun avec la Bavière, bientôt suivi par le Wurtemberg, la Saxe, le duché de Bade, la Hesse, le Mecklembourg, l'Oldenbourg, l'Anhalt, les ports de Hambourg, Brême et Lübeck, un système de collecte commun alimente les statistiques de ces états (démographie, agriculture, industrie, commerce), dynamisé par l'adoption en 1833 du *Zollverein* de Bismarck. La formation de l'Empire allemand en 1871 coïncide avec la création d'un service central d'hygiène publique chargé d'établir le taux de mortalité et d'en publier les résultats en précisant les causes du décès : variole, rougeole, scarlatine, diphtérie, coqueluche, typhus, catharre intestinal, diarrhée, typhoïde et choléra. Des médecins fonctionnaires ont pour mission d'établir le bilan sanitaire de leur circonscription et de rédiger puis de transmettre leur rapport au Comité central d'hygiène. Les autres états comme la Bavière, le duché de Bade, celui de Saxe, le Wurtemberg, possèdent des structures administratives identiques chargées des mêmes missions. La Prusse possèdera deux dirigeants de son bureau des statistiques qui auront une influence déterminante sur son évolution : Godefroy Hoffmann (1765-1847) de 1810 à 1845 et Engel de 1860 à 1882. Hoffmann fait un dénombrement précis de la démographie de la Prusse en 1817 : 10 536 571 habitants dont 2 895 818 citadins. En 1819, la population totale s'élève à 10 976 252 dont 3 015 386 dans les villes. En 1843, les chiffres ont considérablement augmenté : 1 547 765 habitants dont 4 246 173 vivent dans 979 cités.

Autres pays d'Europe

Les Pays scandinaves, après les traités de 1815, abandonnent l'enregistrement ecclésiastique mais sont réticents, surtout la Suède et le Danemark, à livrer leurs données pour des raisons de sécurité et de défense.

Au Danemark, dès 1833, une commission est chargée de réunir les paramètres de la statistique générale du royaume. Les 16 premiers volumes des *Statisck Tabelverk* concrétisent ce travail préliminaire. À cette commission sera substitué en novembre 1848 un bureau spécial, annexe du ministère des finances. Son directeur a un accès direct au ministre et peut correspondre librement avec les chefs des autres administrations publiques. Cet organisme centralise et publie les recensements quinquennaux de la population, les dénombrements des suicides, les fluctuations du commerce extérieur, la statistique civile et criminelle, le bilan financier de l'état, le bilan annuel des établissements de bienfaisance.

En Norvège, en 1843, c'est au ministère de finances que réside un bureau de statistique générale qui est transféré, en 1846, au ministère de l'intérieur. Sa tâche consiste à publier les recensements décennaux de la population, les statistiques industrielles et agricoles, la situation des finances communales, la statistique de justice civile et criminelle, celle des établissements d'assistance publique, celle de l'instruction, celle du commerce extérieur et de la navigation, celle de la situation économique des provinces, celle de l'état sanitaire du royaume.

La Suède fait figure de modèle car ses premières statistiques remontent à 1756, date à laquelle fut créée la première commission chargée d'assembler les éléments du chiffrage du royaume. Dès 1860, un bureau central est créé au ministère de l'intérieur, sur le modèle de celui existant en Belgique. Chaque ministère continue de rassembler et de publier ses propres résultats : industrie minière et manufacturière, commerce extérieur et navigation, justice, hygiène publique, bilans quinquennaux sur l'économie des provinces publiés par les gouverneurs. Le bureau central se contente d'étudier le mouvement et le recensement de la population ainsi que tous les documents non traités par les administrations publiques.

L'histoire des statistiques en Grande Bretagne est caractérisée par une succession de textes législatifs qui mènent à un système éparpillé. Des réformes sont effectuées mais toujours dans le cadre d'un libre échangisme respectueux du commerce, des pouvoirs locaux, de l'assistance aux démunis, la loi sur les pauvres de 1834 remplaçant celle de 1795 qui était organisée autour des paroisses. En 1832, un bureau des statistiques est créé au ministère du commerce chargé du commerce, des exportations et des importations. Dans chaque comté sont installés des *Poor law Unions.* En 1837, on crée le *General Register Office* qui gère l'état civil non religieux et les recensements de la population effectués tous les dix ans en Angleterre, en Ecosse et en Irlande. La statistique britannique comprend dès lors le *Board of trade* chargé des statistiques économiques et le *General Register Office (GRO*) pour les statistiques sociales, dirigé par Farr. Cet organisme permet de dénoncer certains chiffres alarmants comme ceux de la mortalité infantile dans les cités industrielles et d'installer une politique de prévention.

La Hollande se dote d'un bureau des statistiques avant l'Allemagne. Le 11 juin 1859, les représentants des différents bureaux de statistiques européens étaient avertis que, par un arrêt royal du 5 novembre 1858, une commission centrale de statistique et des bureaux de statistique au chef-lieu de chaque province, avaient été créés. Coup de théâtre : le 11 décembre 1861, les Etats Généraux ayant refusé de voter les crédits destinés à ces institutions, le pays était privé de bureau central des statistiques et devait se contenter de faire publier par chaque ministère les documents que le parlement lui permettait de faire paraître ! Un Annuaire imprimé par le ministère de l'intérieur résume depuis 1848, les publications des autres ministères : recensements et mouvements des populations, situations annuelles des communes, des asiles d'aliénés, rapport sur l'éducation, sur les établissements de bienfaisance, sur la police, sur la justice civile et criminelle, sur les institutions pénitentiaires, bilan annuel des récoltes, de la pêche, du commerce et de la navigation, statistiques des finances de l'état, de la poste, des télégraphes, des travaux publics et des colonies.

La Belgique adopte également avant l'Allemagne, les méthodes récentes d'enregistrement. Sous l'impulsion du gouvernement belge, avec la collaboration de Lambert Adolphe Jacques Quetelet (1796-1874) et de ses collaborateurs, un recensement de la population bruxelloise est proposé en 1841 et réalisé en mars 1842. Ses résultats sont présentés devant la Commission centrale par Quetelet le 22 février 1843 : Sur le recensement de la population de Bruxelles en 1842*, Bulletin de la Commission centrale de statistique*, **I**, 27-162. Un recensement général de la population belge ne sera effectué qu'en 1847, sous la direction de Quetelet.

L'Europe Centrale : L'Autriche Hongrie peine à installer une administration des statistiques et ce ne sera qu'en 1829 qu'elle fonctionnera et après la réorganisation de 1841. En 1844, ce bureau est autorisé à recueillir et centraliser les données envoyées au gouvernement par les autorités locales mais aussi de prendre l'initiative d'enquêtes particulières. Cette administration dépendra ensuite du ministère de l'instruction publique. Un réaménagement des services sera institué en 1863 sur le modèle belge de l'époque. Sa production de documents est importante. En outre, il publie dans deux revues : les *Mittheilungen auf dem Gebiete der Statistik* et une publication mensuelle : *Monatschrift.* D'autres organismes sont chargés du dénombrement numérique soit au ministère du commerce, soit à celui de l'agriculture. La révolution hongroise de 1848 voit naître un fugace bureau des statistiques au ministère de l'intérieur du nouvel état, vite aboli avec la reconquête par les troupes autrichiennes et russes. En 1867, la Hongrie devient autonome et reconstitue un bureau des statistiques très renommé, en 1868. Un recensement est organisé dès 1869. La monarchie austro-hongroise organise un dénombrement pour les années 1867-1876 et 1877-1886.

La Suisse attend la constitution de 1848 pour envisager de constituer un bureau fédéral de statistique mais remet sa création à

1860. Encore fallut-il vaincre les résistances de cantons par une décision du Conseil Fédéral les contraignant à remplir les formulaires fédéraux. Elle se dote donc le 21 janvier 1860, pour toute l'étendue de la Confédération, d'un bureau central de statistique. En voici les termes : *Article premier. Un bureau de statistique est établi sous la direction du département de l'intérieur. Ce bureau s'occupe de réunir, coordonner et publier des données statistiques dans le but : a. d'obtenir une statistique complète de la Suisse ; b. de faire des publications périodiques sur les éléments de la statistique qui sont particulièrement sujets à changer, et, le cas échéant, de publier des monographies sur les objets spéciaux. Le Conseil fédéral fixe chaque année le programme des objets qui doivent être traités et publiés. Article 2. Le bureau des statistiques s'entend avec les gouvernements cantonaux en vue de se procurer les matériaux nécessaires.* Le Conseil fédéral entérine les activités du bureau des statistiques en janvier 1864 : situation, variation et constitution physique de la démographie, analyse définitive du recensement de 1860, élaboration des formulaires pour la rédaction des actes d'état civil ; émigration et immigration ; critères d'aptitude au service militaire ; dénombrement du bétail ; économie alpestre ; tableaux du commerce avec l'Italie et l'Allemagne ; élaboration de bordereaux pour une statistique des chemins de fer et de questionnaires pour une statistique de l'instructions publique ; statistique des suicides.

La Pologne ne connaît pas de recensement jusqu'en 1897.

La Roumanie se dote d'une administration statistique à partir de 1859.

L'Espagne est le pays où la statistique a suscité le plus de décisions administratives restées le plus souvent lettre morte. Legoyt dans son article du Dechambre rapporte cette lettre qu'un savant espagnol lui adressait en novembre 1855 : *Notre pays n'a pas de bureau central et le gouvernement ne fait pas de publications périodiques ; chaque ministère se fait envoyer par l'autorité provinciale les renseignements dont il a besoin mais ne le publie pas. Aucun ministère ne possède un bureau spécial, chacun des services qu'il comprend réunit séparément les documents nécessaires à la bonne expédition des affaires. Le ministère des finances est celui qui en recueille le plus. Ainsi, on lui doit depuis à peu près 25 ans, la publication de ce qu'on appelle la balance du commerce. On lui doit aussi la publication depuis quelques années, du budget général qui est une sorte de compendium statistique. Le Trésor publie des états trimestriels de dépenses. Le ministère de l'intérieur publie ou au moins prépare le résumé annuel du mouvement de la population. On dénombre les habitants à des époques indéterminées ; le recensement le moins ancien est de 1837 ; je le crois inexact. Plusieurs de nos ministères publient des bulletins mensuels dans lesquels on trouve un certain nombre de documents statistiques.* Les décrets des 3 septembre et 11 novembre 1856 créent sous l'autorité du premier ministre un organisme chargé de publier les statistiques du royaume et inscrit à son budget la somme de 300000 réaux. En 1857, un premier décret le 5 mars élabore le programme et le 24 juillet organise les relations avec les pouvoirs locaux. Le 9 avril 1858 un autre décret fixe le traitement des membres de ce bureau et alloue un crédit pour l'achat du matériel. La même année, le 21 octobre, a lieu la réorganisation, en fait la suppression, des 470 commissions provinciales. Le 20 août 1859, on décrète que la commission sera compétente pour les travaux de géodésie et de triangulation. Des inspecteurs sont désignés pour vérifier sur place en province l'exactitude des rapports rédigés par les autorités locales : décret du 31 décembre 1860. Il est complété le 8 février 1861 par un décret précisant quels documents il doit présenter. Le 21 avril de la même année, les services de la statistique sont réorganisés de fond en comble et une école de la statistique est créée le 12 juin 1863. Les résultats ne seront pas à la hauteur de ce qu'on en attendait avec peu de publications : *Annuaire statistique* pour les années 1858 et 1859 ; *Recensement de la population* en 1857 ; *Commerce extérieur de l'Espagne*, annuellement et enfin *Recensement de la population* en 1880.

Le Portugal secoué par des *pronunciamientos* tarde à s'engager dans la voie des statistiques et, ne participant pas aux congrès, ne contribuent guère à la cause statisticienne. En 1857 est créée une commission centrale, fugitive, car supprimée à l'avènement d'un nouveau ministère. Néanmoins, l'administration du pays fait de louables efforts pour améliorer la situation. Recensement de la population en janvier 1878, publié en 1881 ; annuaire des services des contributions directes ; budget des recettes et des dépenses des chefs-lieux de province ; comptes des recettes et dépense de l'état, comptes de gestion pour les exercices comptables clôturés, statistiques graphiques des services sous la tutelle du ministère des travaux publics, du commerce et de l'industrie, statistiques graphiques de la mortalité à Lisbonne ; statistiques criminelles ; statistiques générales du commerce extérieur, création d'un service statistique au ministère de la justice.

En revanche, l'Italie, qui n'attribue pas à cette spécialité un caractère de nécessité absolue, crée néanmoins par décret royal du 9 octobre 1861, un bureau de statistique générale au ministère de l'Agriculture, de l'industrie et du commerce. Un décret du 17 février 1870 instaure une direction générale de la statistique et de l'économat. Les frictions entre ces deux services font qu'ils se séparent en 1872 et que la statistique échoit au secrétaire général. La suppression du ministère de l'Agriculture fait des services de la statistique un secteur du ministère de l'Intérieur. Bref répit car, inopinément, le ministère de l'Agriculture ressuscitant, la *Direction générale de la statistique* réintègre en 1878 son ministère d'origine. Elle comprend deux divisions. Ces pérégrinations non seulement n'affaiblissent pas les pouvoirs de ses membres, mais leur permet désormais de solliciter toutes les administrations de l'état pour recueillir les documents qu'ils jugeront bon de publier : décret du 10 février 1878. Les documents suivants sont publiés par la première division de la direction : mouvements annuels et recensements périodiques de la population, tables de mortalité, registres communaux de population, émigration, navigation maritime, statistiques de la marine marchande, pêche maritime, sinistres de mer, prix et salaires, statistique minérale et industrielle, établissements de crédit et sociétés par actions, caisses d'épargne, sociétés coopératives et de secours mutuel, statistiques de l'agriculture, du bétail et des forêts. La seconde division élabore les statistiques suivantes : administration communale et provinciale, élections politiques et administratives, statistique judiciaire, police, statistique pénitentiaire, établissements de bienfaisance et d'assistance publique, hygiène publique, tables de maladies et autres matières analogues.

La Grèce reste à la traîne. Cependant, c'est en 1834 qu'un décret royal créé au ministère de l'Intérieur, le Bureau d'économie publique dont une des attributions est la statistique. En 1859, l'institution est remaniée et comprend dès lors trois départements dont le premier, est consacré à la statistique mais limitée aux fluctuations annuelles de la population et au recensement. Sinon les autres documents restent l'apanage des différents ministères : ministère des finances : variations du commerce et de la navigation ; ministère de l'éducation et des cultes : statistiques de l'enseignement public ; ministère de la justice : chiffres de la justice civile et criminelle ; ministère de la marine : caractéristiques de la marine marchande.

En Russie, le chef de la section de statistique au ministère de l'intérieur envoie la circulaire suivante, le 17 novembre 1858, aux chefs des différents bureaux de statistique des principaux états européens : *Depuis le 1er janvier 1858, S. M. l'Empereur-* Alexandre II (1855-1881) - *a donné, par la création d'un comité central de statistique, une nouvelle organisation à la statistique administrative de la Russie. Ce n'est donc que depuis peu que la Russie possède un organe définitif pour la réunion et l'élaboration des nombreuses données statistiques éparses dans les différentes branches de l'administration. Le comité central vient de commencer ses travaux pour la publication d'un recueil de tableaux relatifs à l'année 1856 et contenant des notions diverses sur presque tout l'empire. Plus tard, le comité espère être en mesure de remplir les lacunes que présenteront ces tableaux en publiant des données plus complètes, pour la réunion desquels les travaux ont déjà commencé.* En 1861, une autre note indique les noms de membres de ce comité et précise les administrations concernées : Intérieur, guerre, marine, finances, domaines, instruction publique, travaux publics, éducation, maison de l'empereur, apanages et contrôle des dépenses de l'état, académie des sciences et société de géographie … Sous l'autorité du Comité central existe un bureau qui centralise et publie les travaux du comité, sous la tutelle du ministère de l'intérieur. Au chef-lieu de chaque gouvernement ou province, siège un comité constitué de fonctionnaires qui dépend du bureau central. En 1861, on en comptera 60. Malgré cette organisation, la Russie ne connaîtra qu'un recensement fiable, celui de 1897. Il est dû au travail des *zemstvos*, assemblées provinciales installées en 1864 qui jouèrent un rôle économique et social important. L'exploitation de toutes ces informations restera incomplète, et beaucoup seront perdues. Le comité central publie néanmoins les premiers volumes d'une statistique de la propriété et le ministère des voies de communication fournit celle des travaux sur les routes et les voies ferrées. Le département des domaines publie un bilan de la situation économique des paysans et celui des finances, les tableaux du commerce extérieur ainsi que l'état du budget. Le département du commerce et des manufactures établit une statistique de l'industrie manufacturière d'après des données recueillies en 1879.

Amérique du Nord

Aux Etats-Unis, sollicité pour organiser un recensement, Washington, en 1790, recrute des officiers fédéraux, les marshalls, pour s'en charger dans chaque district. La technique reste un peu sommaire, chaque agent recenseur recueillant les données sur des feuilles volantes. Dès 1810, le Secrétaire d'État, chapeaute le recensement et, en 1830, nomme ses assistants. La population atteignant des effectifs de plus en plus importants, *l'American Statistical Association* obtient du Sénat, en 1850, la création d'un bureau provisoire, le *Census,* qui rédige des questionnaires rationnels et recrute du personnel compétent. Son existence est temporaire et on doit le reconstituer à chaque recensement. Chaque année, le président adresse au Congrès un rapport résumant l'activité des différents ministères *notamment en ce qui concerne les finances fédérales, la circulation métallique et fiduciaire, la production des métaux précieux, le monnayage, les opérations des banques nationales, etc., etc.* Ces résultats statistiques ont pour but essentiel de flatter l'amour propre national et mettent en avant les progrès accomplis par l'Union. La mécanisation apparaît en 1890 avec la machine d'Hermann Hollerith (1860-1929) machine à statistique à cartes perforées mesurant 12 cm sur 6 cm, et présentant 210 cases recevant les informations exigées. L'entreprise fondée par Hollerith en 1896, la *Tabulating Machine Co.* deviendra, en 1917, le groupe IBM. Cette mécanisation qui facilite la gestion, la détention et le tri des fichiers individuels, fournira dans le futur, un redoutable outil de sélection pour la solution finale.

Le Canada recense sa population européenne vraisemblablement dès 1666. Mais il faut attendre 1851 pour avoir des dénombrements décennaux de la population et la fondation de la confédération canadienne pour que les résultats en soient centralisés, après 1868. Un service spécial, chapeauté par l'Angleterre, et dépendant du ministère de l'agriculture et des arts, recueille et publie les documents suivants : recensements décennaux de la population et immigration, finances, opérations des banques, assurances, commerce extérieur, navigation et marine marchande, agriculture et bétail, voies et moyens de communication, pêche, statistique des tribus indigènes, productions minérales, industrie, instruction publique …

Les matheux, les actuaires, les juristes, les sociologues et les économistes :

France : Laplace, Chaptal, Moreau de Jonnès, Legoyt, Poisson, Cournot, Cheysson et Durkheim

À la fin du siècle précédent, Pierre Simon Laplace (1749-1827) dépose son Mémoire sur les probabilités le 19 juillet 1780 à l'Académie des sciences : *Mémoires de l'Académie royale des sciences,* Paris, 1782 : *La probabilité d'un événement futur pareil à celui qu'on a observé, est à cette même probabilité déterminée en employant pour les possibilités des évènements simples, celle qui résulte de l'événement observé comme 1 à racine carrée de 2.* Le 30 novembre 1785, il lit un exposé devant l'Académie des sciences intitulé Sur les naissances, les mariages et les morts à Paris, depuis 1771 jusqu'en 1784, et dans toute l'étendue de la France pendant les années 1781 et 1782, *Mémoires de l'Académie royale des sciences de Paris*, année 1783, 1786. On peut y lire : *La population est un des plus sûrs moyens de juger de la prospérité d'un empire, et les variations qu'elle éprouve, comparées aux événements qui les précèdent, sont la plus juste mesure de l'influence des causes physiques et morales sur le bonheur ou le malheur de l'espèce humaine. Il est donc intéressant, à tous égards, de connaître la population de la France, d'en suivre les progrès et d'avoir la loi suivant laquelle les hommes sont répandus sur la surface de ce grand royaume. L'Académie s'est déterminée, par ces considérations, à insérer chaque année dans ses Mémoires la liste des naissances, des mariages et des morts dans toute l'étendue de la France ... Le rapport de la population aux naissances, déterminé par la méthode précédente, ne peut jamais être rigoureusement exacte ; en lui supposant même une précision rigoureuse, il resterait encore sur la population de la France l'incertitude qui naît de l'action des causes variables. La population de la France, tirée des naissances annuelles, n'est donc qu'un résultat probable, et par conséquent susceptible d'erreurs. C'est à l'analyse des hasards à déterminer la probabilité de ces erreurs et jusqu'à quel point on doit porter le dénombrement pour qu'il soit très probable qu'elles seront renfermées dans d'étroites limites. Ces recherches dépendent d'une théorie nouvelle et encore peu connue, celle de la probabilité des évènements futurs prise des évènements observés ; elles conduisent à des formules dont le calcul numérique est impraticable, à cause des grands nombres que l'on y considère ; mais, ayant donné dans ce volume et dans le précédent les principes nécessaires pour résoudre ce genre de question, et une méthode générale pour avoir en séries très convergentes les fonctions de grands nombres, j'en ai fait l'application à la théorie de la population déduite des naissances. Les dénombrements déjà faits en France et comparés aux naissances donnent à peu près 26 pour le rapport de la population aux naissances annuelles ; or, si l'on prend un milieu entre les naissances des années 1781 et 1782, on a 973 054 ½ pour le nombre de naissances annuelles dans toute l'étendue de ce royaume, en y comprenant la Corse ; en multipliant ce nombre par 26, la population de la France entière sera de 25 299 417 habitants. Maintenant je trouve par mon analyse que, pour avoir une probabilité de 1000 contre 1, de ne pas se tromper d'un demi-million dans cette évaluation de la population de la France, il faudrait que le dénombrement qui a servi à déterminer le facteur 26 eût été de 771469 habitants. Si l'on prenait 26 ½ pour le rapport de la population aux naissances, le nombre des habitants de la France serait 25 785 944, et, pour avoir la même probabilité de ne pas se tromper d'un demi-million sur ce résultat, le facteur 26 ½ devrait être déterminé d'après un dénombrement de 817 219 habitants. Il suit de là que, si l'on veut avoir sur cet objet la précision qu'exige son importance, il faudrait porter ce dénombrement à 1 000 000 ou 1 200 000 habitants ...*

Ce sera La Michodière, magistrat et administrateur probe, intelligent, compétent, pacifique et peu assuré dans ses opinions, qui se chargera de ce décompte. En 1812, à Paris, il publie sa *Théorie analytique des probabilités*. Casimir Broussais cite deux passages mémorables de cette œuvre : *Tous les évènements, ceux mêmes qui par leur petitesse semblent ne pas tenir aux grandes lois de la nature, en sont une suite aussi nécessaire que les révolutions du soleil. Dans l'ignorance des liens qui les unissent au système entier de l'univers, on les fait dépendre des causes finales ou du hasard, suivant qu'ils arrivaient ou se succédaient avec régularité ou sans ordre apparent ; mais ces causes imaginaires ont été successivement reculées avec les bornes de nos connaissances et disparaissent entièrement devant la saine philosophie, qui ne voit en elles que l'expression où nous sommes des véritables causes ... Au milieu des causes variables et inconnues que nous comprenons sous le nom de hasard, et qui rendent incertaine et irrégulière la marche des évènements, on voit naître à mesure qu'ils se multiplient, une régularité frappante qui semble tenir à un dessein ... Mais en y réfléchissant, on reconnaît bientôt que cette irrégularité n'est que le développement des possibilités respectives des évènements simples qui doivent se présenter plus souvent, lorsqu'ils sont plus probables.* Aussi, comme le remarque Quetelet, plus les faits sont abondants, plus on retrouve ce retour de causes constantes, avec une précision des résultats qui augmente comme la racine carrée du nombre des observations.

Laplace dans son *Essai philosophique sur les probabilités*, 1814, précise les opportunités que sa méthode de calcul offre à la pratique médicale : *Le calcul des probabilités peut faire apprécier les avantages et les inconvénients des méthodes utilisées dans les sciences conjecturales. Ainsi, pour reconnaître le meilleur traitement ou dans la guérison d'une maladie, il suffit d'éprouver chacun d'eux sur un même nombre de malades, en rendant toutes les circonstances parfaitement semblables. La supériorité du traitement le plus avantageux se manifestera de plus en plus évidente à mesure que ce nombre de mesures, s'accroîtra ; et le calcul fera connaître la probabilité correspondante de son avantage.* Gouraud dira à propos des deux ouvrages de Laplace : *L'Essai était la charte des âges à venir, comme la Théorie analytique avait été la conclusion des âges accomplis.*

Jean Antoine Chaptal (1756-1832) est en charge le 28 janvier 1801 du ministère de l'intérieur. Il en réorganise les services et créé un bureau des statistiques. Le 19 germinal an IX (9 avril 1801) les statistiques des préfectures sont éditées et, dès l'an XII (1803), débute l'impression des sept tomes avec un atlas de la *Statistique générale et particulière de la France et de ses colonies avec une nouvelle description topographique, physique, agricole, politique, industrielle et commerciale de cet état*, Paris, an XIII. Cet ouvrage est le fruit de la collaboration de membres de l'Institut comme Antoine Parmentier (1737-1813), d'un diplomate et historien, chef du bureau des sciences et des arts au ministère de l'intérieur, comme Charles Alexandre Amaury-Duval (1760-1838), de membres de l'École centrale, de fonctionnaires initiés à la connaissance et à l'emploi du dénombrement appliqué à leur activité. Quelques années plus tard, Chaptal publie, *De l'industrie françoise*, Paris, 1819 et précise dans le chapitre qui expose le plan et le motif de l'ouvrage : *Pour apprécier le produit de nos récoltes en tout genre, j'ai d'abord consulté les travaux de statistique, qui ont été suivis avec zèle par les préfets pendant douze ans ; je les ai comparés entre eux pour prendre la moyenne des résultats ; et lorsque je les ai jugés insuffisans ou défectueux, j'ai cherché à les compléter ou à les vérifier, en m'adressant aux autorités locales, aux sociétés d'agriculture, et aux personnes instruites qui pouvoient me fournir d'utiles renseignemens ... j'ai tâché d'apprécier notre richesse manufacturière : pour y parvenir, j'ai dû d'abord déterminer la quantité et le prix des matières premières qui sont employées dans les arts : les états statistiques des préfets et ceux des anciens intendans m'ont servi pour évaluer les matières qui sont le produit de notre sol ; le tableau des importations, dressé annuellement par l'administration des douanes, m'a fourni l'état de celles qui proviennent de l'étranger.* Il rappelle que son séjour au ministère de l'intérieur lui a permis d'élaborer un projet de statistique générale vers lequel il a orienté les préfets, leur proposant un plan et leur procurant les moyens de l'exécuter : en moins de quatre ans la statistique de vingt-cinq départements a été achevée et celle de huit à dix, publiée. De nombreux tableaux illustrent cet ouvrage. Chaptal termine son ouvrage en recommandant de ne pas fermer les frontières aux pays qui pratiquent le libre-échange et de réserver ce droit de représailles vis-à-vis des nations qui pratiquent la prohibition des produits étrangers.

Étrange carrière que celle de Jacques Peuchet (1758-1830), contemporain de Duvillard, qui passe des belles lettres à la médecine, de la médecine au droit et enfin du droit à la fonction publique et à la police ! Il est l'auteur d'un ouvrage au titre explicite : *Statistique élémentaire de la France, contenant les principes de cette science et leurs applications à l'analyse de la richesse, des forces et de la puissance de l'Empire français, à l'usage des personnes qui se destinent à l'étude de l'administration*, Paris, 1805. Dans ce volume de 630 pages, inspiré en partie de celui de Moheau, qui était paru en 1778, on trouve cette explication des origines de la statistique : *C'est alors que les chefs du pouvoir public, les législateurs et les généraux commencèrent à calculer les forces, les ressources et la puissance de l'état, par l'étendue de son territoire, par sa population, par ses richesses : ainsi naquit la statistique.* Pour lui, cette apparition se perd dans la nuit des temps, intimement liée à l'économie et à l'arithmétique politiques. Il la divise en huit parties : 1° Étendue et divisions du territoire ; 2° Population, ses rapports avec les autres données de la statistique et de l'économie politique ; 3° Productions du territoire, des mines, de la pêche en estimant les richesses qu'elles répandent ; 4° L'industrie, son importance, ses spécialités, ses productions et les salaires qu'elle procure ; 5° Le commerce, ses moyens, son extension, sa division, ses relations avec les autres sources de richesses ; 6° La navigation marchande, son état, son système, ses résultats ; 7° Les revenus de l'état, leurs origines, leur quotité, les frais de perception, et l'exposé du système de l'administration des finances ; 8° Tableau des forces armées de terre et de mer.

Le français Jean Firmin Demonferrand (1795-1844), enseignant à l'École polytechnique, utilise la progression par année des naissances et celle des appelés sous les drapeaux pour calculer l'augmentation par an de la population. Il propose une table de mortalité par âge et par sexe de 1817 à 1831 : Essai sur les lois de la population et de la mortalité en France, *Journal de l'école royale polytechnique*, **16**, 26-27, Paris, 1839.

Républicain bon teint (il participa à la répression contre les royalistes du Morbihan), Alexandre Moreau de Jonnès (1778-1870), obtient en 1819 le premier prix en statistique de l'Académie Royale des sciences. On le considèrerait aujourd'hui comme un haut fonctionnaire. Dès 1828, affecté au ministère du commerce, il se consacre à cette nouvelle discipline. Il publie en 1847, à Paris, ses *Éléments de statistique comprenant les principes généraux de cette science et un aperçu historique de ses progrès.* Moreau considère que la statistique est la science des faits et des évènements sociaux exprimée par des nombres. Son objectif : connaître la société de façon approfondie dans ses rouages les plus intimes. Elle appartient aux sciences exactes car, procédant d'un langage chiffré elle en possède la précision et le dogmatisme. Elle se rapproche de l'histoire car elle collecte les faits du passé et du présent à cette différence près qu'elle tente de pénétrer les ressorts qui motivent les individus et déterminent l'économie. L'histoire, elle, concentre ses efforts sur les régimes politiques, les révolutions, les conquêtes, les batailles et leurs tribulations. Elle est intimement liée à l'économie politique qui procède par abstraction mais toutefois ignore le langage par signes numériques tout en puisant dans ces chiffres pour étayer ses théories et ses décisions. Ainsi la statistique a dénoncé la mortalité dans les établissements d'enfants trouvés, 25 %, et a permis de dénoncer et de corriger cette monstruosité. Il revendique l'impérieuse nécessité pour les hommes politiques, les économistes, les historiens, les juristes de recourir aux statistiques pour découvrir la population d'un pays, pour parfaire les territoires compte tenu de leur fertilité, de leurs communications, de la sécurité et de la salubrité des villes et des campagnes, des moyens de défense, pour établir sur des bases solides l'exercice des droits civils et politiques, pour établir l'impôt sur des bases équitables, pour faire le bilan économique de l'agriculture et de l'industrie, pour organiser et favoriser le commerce, pour réguler impartialement l'action de la justice, pour étendre l'éducation de la jeunesse, pour répartir et améliorer les établissements de bienfaisance et de répression.

Avec le belge Quetelet, André Michel Guerry (1802-1866), statisticien et juriste français, est considéré comme un novateur en matière de statistique morale, nonobstant la priorité de Montyon au XVIIIe siècle. En 1832, il publie : Statistique comparée de l'état d'instruction et du nombre des crimes dans *La revue encyclopédique*. Il arrive à cette conclusion qui pourrait paraître paradoxale, *la statistique est un instrument dont on peut faire bon ou mauvais usage. Celle qu'on va puiser dans nos écoles élémentaires et qui consiste à savoir, de manière assez imparfaite, lire, écrire et calculer, ne peut suppléer au défaut d'éducation et ne semble pas devoir exercer une grande influence sur la moralité. Nous pensons qu'elle ne rend ni plus dépravé, ni meilleur. Nous aurions peine à comprendre comment il suffirait de former un homme à certaines opérations presque matérielles pour lui donner aussitôt des mœurs régulières, et développer en lui des sentiments d'honneur et de probité.* Bien au contraire, comme on le voit aux Etats-Unis, le crime augmente prodigieusement à mesure que l'instruction fait apparaître des besoins nouveaux qui, s'ils ne sont pas assouvis, poussent à la délinquance ceux qui les ressentent. L'éducation, en facilitant les relations sociales, en animant le commerce et l'industrie, suscite chez les individus des opportunités de fraude et de dissimulation. Selon Guerry, ce phénomène serait plus faible dans les populations incultes et grossières. Il appuie son raisonnement sur l'observation du niveau d'instruction selon les départements. Ainsi, il remarque que la criminalité est la plus élevée en Corse, dans les provinces du sud-est et en Alsace, régions où la moitié des jeunes gens savent lire et écrire, alors qu'elle est de 15% dans le Finistère, de 14% dans le Morbihan, de 13% dans le Cher, la Haute Vienne et l'Allier et enfin de 12% en Corrèze, régions de faible criminalité.

Frédéric Le Play (1806-1882) restera une figure emblématique du conservatisme et du corporatisme tout en se rattachant au positivisme d'Auguste Comte. Partisan d'un réformisme qui préserve la paix sociale, il défend les valeurs de l'Ancien régime et le maintien des élites au pouvoir. Il inspirera Maurras et l'Action française dans les premières années de la IIIe République mais également, auparavant, les théoriciens du catholicisme social comme René de la Tour du Pin ou Albert de Mun. Les dernières lignes de son principal ouvrage, *Les ouvriers européens*, résument bien les convictions du personnage : *Les sociétés libres sont donc vivement intéressées à constituer par une forte organisation de la famille et de la propriété, une classe où de nobles habitudes de patronage se transmettent sans danger d'être compromises par de trop vives préoccupations d'intérêt personnel. Mais pour atteindre ce but, tout en restant fidèles à leur principe, elles doivent pourvoir à ce que deux conditions soient remplies. Il faut d'une part que l'aristocratie naturelle, fondée sur la propriété et l'intelligence, ne perde point par la jouissance même du bien-être et de l'autorité, les qualités morales qui sont pour elle la raison d'existence ... En d'autres termes, la condition du progrès et de l'harmonie dans les sociétés est que celles-ci trouvent en elles-mêmes la force qui peut protéger la classe dispensée du labeur industriel contre la corruption et l'oubli du devoir, la classe vouée au gain et à l'épargne contre la dureté et l'égoïsme. Cette force, qui doit comprimer la liberté même, laissée dans ce régime aux tendances individuelles, ne peut être trouvée que dans la religion. Celle-ci n'élève pas seulement les sociétés à la perfection morale, but suprême de toute civilisation ; elle est en outre, dans l'ordre économique, le plus puissant moyen de succès. Ainsi s'explique le fait qui se manifeste si visiblement à notre époque, à savoir, que le développement du travail, de la richesse et de la liberté chez les divers peuples, y est intimement lié au progrès de ces mœurs fermes et austères, de cet esprit de justice, de conciliation et de bienveillance mutuelle, qui sont la plus sûre manifestation du sentiment religieux.* Le plan des *Ouvriers européens* détaille la composition de l'alimentation des ouvriers : céréales, corps gras, laitages et œufs, viandes et poissons, légumes et fruits ; les dépenses pour l'habitation : loyer, entretien, chauffage, éclairage ; les frais pour acheter des vêtements et pour les conserver en bon état ; la religion, l'éducation des enfants, la santé, les loisirs et les distractions ; les dettes pour les besoins familiaux ou pour l'acquisition d'un bien, les impôts, les assurances. De nombreux tableaux statistiques accompagnent ces considérations. La seconde partie de l'ouvrage est consacrée à la condition ouvrière dans diverses régions : Oural, Prusse, Suisse, Espagne, Angleterre et France. En appendice on trouve une description des institutions d'assistance, des patronages, des organismes de protection des ouvriers. Comme le dit très justement Alain Desrosière dans *La politique des grands nombres : Ces enquêtes semblent essentiellement orientées vers la défense et l'illustration d'une certaine conception de la famille et des rapports sociaux.*

Alfred Legoyt (1815-1885) dirige le Bureau d'administration générale des statistiques au ministère de l'intérieur. Il est en concurrence avec Moreau de Jonnès qui est à la tête du bureau de la Statistique générale de la France de 1835 à 1850 au ministère de l'Agriculture et du Commerce et qu'il critique. En 1852, les deux services fusionnent sous l'autorité de Legoyt, qui est également secrétaire général de la Société de statistique, dans les locaux du ministère du Commerce à Paris. Voici son point de vue sur la statistique : *Restreinte à l'étude de l'homme en société, elle a pour mission de recueillir tous les phénomènes qui le concernent de nature à être constatés numériquement. C'est, à peu de choses près, la définition de notre savant prédécesseur à la direction de la statistique de France, M. M. de Jonnès. Entendue dans un sens plus général, elle est la constatation des faits ; elle est l'observation ; elle est l'expérience. A ce point de vue, elle n'est pas une science, mais elle est l'auxiliaire indispensable des sciences auxquelles elle fournit les matériaux dont elles ont besoin.* Legoyt est l'auteur de nombreux ouvrages de statistiques et innove sur les professions et les activités économiques. En 1861, dans un ouvrage intitulé *L'Émigration européenne*, il défend le droit à émigrer et recommande aux gouvernements d'instruire leurs ressortissants du danger à émigrer dans certains pays et de veiller à ce que les traversées s'effectuent dans de bonnes conditions. Il publie, en 1867, *Du progrès des agglomérations urbaines et de l'émigration rurale*. Sans partager les alarmes suscitées par ces phénomènes démographiques retrouvés dans toute l'Europe, il rappelle que Quesnay soulevait déjà ce problème au XVIIIe siècle mais qu'il n'a été quantifié par les statisticiens qu'au début du XIXe. Il en donne le tableau suivant qui compare l'accroissement annuel pour 100 par période quinquennale, de 1836 à 1866, 1° des villes de 2000 habitants et au-dessus 2° des communes d'une population inférieure 3° de la France entière :

Périodes	Villes de 2000 habitants ou +	Autres communes	France
1836-41	1,71	0,22	0,41
1841-46	2,14	0,46	0,68
1846-51	0,63	0,12	0,22
1851-56	2,42	0,18	0,20
1856-61	1,85	0,02	0,32
1861-66	1,49	0,09	0,36

Il déduit de ce tableau que les villes grandissent plus vite que les campagnes, que ce phénomène culmine de 1841 à 1846, puis se stabilise de 1846 à 1851, sans doute du fait des troubles sociaux de 1848. Une reprise spectaculaire se produit de 1851 à 1856, coïncidant avec un meilleur climat politique et l'essor de l'industrie gourmand en main d'œuvre. La hausse des prix dans les campagnes accélère le mouvement des paysans vers les villes.

Legoyt complète ces données par un tableau précisant l'évolution du nombre d'habitants de 1846 à 1866, en zone urbaine et en zone rurale :

	Ville	Campagne	Populat. totale	%urbaine	%rurale
1846	8.646.743	26.753.743	34.400.486	24,42	75,58
1851	9.135.459	26.647.711	35.783.170	25,52	74,48
1856	9.844.828	26.194.536	36.039.364	27,31	72,69
1861	10.789.766	26.596.547	37.386.313	28,96	71,14
1866	11.573.706	26.493.388	38.067.094	30,40	69,66

Il stipule en conclusion de son ouvrage que les autorités gouvernementales doivent assurer la salubrité des cités en installant un réseau d'égouts pour les eaux usées et pluviales, en fournissant à la population une eau pure, en supprimant les ruelles étroites et malsaines, en installant au cœur des villes des espaces verts, en isolant les lieux de contamination comme les hôpitaux, les casernes, les prisons, en lavant les rues et les façades ou les cours des maisons, en remplaçant les grands abattoirs par des unités plus réduites, en assumant une assistance sociale efficace, en supprimant si possible les taxes qui renchérissent la vie matérielle. Il rédige l'article *Statistique* du *Dictionnaire encyclopédique des sciences médicales.* (Dechambre, 3 S., **11**, 1883, 531-601).

La loi de Poisson en statistique décrit le comportement du nombre d'évènements se manifestant dans un intervalle de temps donné, si ces faits se produisent avec une fréquence moyenne indépendamment du temps écoulé depuis la précédente occurrence. Elle s'applique aussi pour décrire le nombre d'évènements avec d'autres types d'intervalles concernant l'espace plus que le temps, comme les surfaces ou les volumes. Son auteur, Siméon Denis Poisson (1781-1840) continue les travaux du XVIIIe siècle sur l'application des probabilités à la fiabilité des témoignages. Cette *Recherche sur la probabilité des jugements en matière criminelle et en matière civile, précédées des règles générales du calcul des probabilités,* Paris, 1837, fait suite à de nombreux travaux de Poisson sur les probabilités et les statistiques : Sur le jeu de trente et quarante, Sur la proportion des naissances des filles et des garçons en 1830 et sur la loi des grands nombres, qui donnent lieu à trois notes dans les Comptes rendus de l'Académie des sciences en 1836. Ses travaux ont rendu légitimes et productifs les utilisations de l'algèbre en législation, en jurisprudence, en économie sociale et politique. Il est persuadé que le calcul de probabilité peut s'appliquer de façon universelle et cela, indépendamment de la nature de l'objet en question. Il définit la distinction entre cause et hasard : *L'ensemble des causes qui concourent à la production d'un événement sans influer sur la grandeur de sa chance, c'est-à-dire, sur le rapport du nombre de cas favorables à son arrivée au nombre total de cas possibles, est ce que l'on doit entendre par le hasard. Ainsi, par exemple, au jeu de dés, l'événement qui arrive à chaque coup, est la conséquence du nombre des faces, des irrégularités de forme et de densité que le dé peut présenter, et des agitations nombreuses qu'on lui fait subir dans le cornet. Or, ces agitations sont des causes qui n'influent nullement sur la chance de l'arrivée d'une face déterminée : elle a pour objet de faire disparaître l'influence de la position du dé dans le cornet avant ces mouvements, dans la crainte que cette position ne soit connue de l'un des joueurs ; et quand ce but est atteint, la chance relative à l'arrivée de chaque face, ne dépend plus que du nombre des faces, et des défauts du dé qui peuvent rendre les chances inégales pour les faces différentes. On dira qu'une chose est faite au hasard, lorsqu'elle est exécutée sans rien changer aux chances respectives des divers évènements qui peuvent arriver.*

En 1843, pour Antoine Augustin Cournot (1801-1877) mathématicien et philosophe, la statistique *est la science qui a pour objet de recueillir des faits nombreux de tout ordre, de manière à obtenir des rapports numériques sensiblement indépendants des anomalies du hasard et qui dénotent l'existence de causes régulières dont l'action se combine avec celle des causes fortuites*. Il se demande si les mathématiques permettent de comprendre l'économie et la philosophie. Docteur ès sciences en 1829, option mathématique, il s'intéresse à la mécanique et à l'astronomie. Sa philosophie se définit comme une syntactique, science des combinaisons et de l'ordre : elle relève du calcul des probabilités et de la statistique. Il n'assujettit pas le social aux mathématiques ni les mathématiques au social mais les fait dépendre de concepts d'ordre et de hasard qui fusionnent dans un assemblage transcendant. Il écrit dans son *Essai sur les fondements de nos connaissances,* Paris, 1851 : *Il serait utile aux progrès de la science de notre constitution intellectuelle, d'avoir une table des valeurs moyennes de la chance d'erreur pour des perceptions ou des jugements autres que les décisions des tribunaux, comme il est utile à la connaissance de la constitution physique de l'homme d'avoir des tables de mortalité, des moyennes de la taille, du poids, de la force musculaire, à différents âges et dans différents pays.* Ce qui fait dire que sa doctrine est une philosophie de la statistique.

L'Essai sur les lois de la population et de la mortalité en France, paru dans le *Journal de l'école royale polytechnique*, **16**, 26-27, Paris, 1839, sous la plume de Jean-Baptiste Firmin Demonferrand (1795-1844), professeur à Polytechnique, surclasse nettement celles de Duvillard parues à la fin du XVIIIe siècle. Il a utilisé les relevés que tous les ans, le ministère de l'Intérieur reçoit de chaque département, feuilles où sont résumés les décès, les naissances, les mariages constatés dans l'année. Il est remonté jusqu'à l'année 1806 et a exploité les résultats jusqu'en 1832. Il a complété ces données par celles fournies par les recensements de 1820, 1831, 1836 et par les états du recrutement de 1815 à 1831. Chaque année par ailleurs, le Bureau des Longitudes, institué en juin 1795 par la Convention, publie un annuaire qui détaille le total des naissances par sexe, celui des décès et des mariages. Il décrit ainsi sa méthode de travail *: J'ai extrait des feuilles du mouvement de la population :*

1° Les naissances par mois et par sexe ;
2° Les décès annuels par âge et par sexe, sans distinction de l'état civil des décédés ;
3° Les décès par mois divisés en deux séries, au-dessous de 20 ans et au-dessus de cet âge.

J'ai formé de ces extraits quatre tableaux pour chaque département, des résumés annuels des décès par âges, un relevé général des naissances et un autre des décès. Chaque chiffre inscrit dans l'une des nombreuses cases de ces tableaux, peut donner par sa comparaison avec les feuilles du mouvement, une vérification de l'exactitude que j'ai apportée dans la transcription. En examinant attentivement les feuilles du mouvement, j'ai bientôt reconnu qu'elles n'ont pas toujours été rédigées avec un soin consciencieux. On y trouve beaucoup de fautes, les unes faciles à corriger, les autres tellement graves qu'elles forcent à rejeter entièrement les documents qui en sont entachés. Toutes ces fautes ont été notées sur des calepins qui feront partie des pièces justificatives, on y trouve en même temps la correction de chaque faute, quand elle était possible, et les motifs du rejet de toutes les mauvaises feuilles. La correction d'un grand nombre de fautes dans les relevés annuels et le rejet absolu de plusieurs d'entre eux, étant les causes des discordances entre mon travail et celui de mes devanciers ...

Polytechnicien, astronome, physicien, minéralogiste, fils et frère de médecin, Auguste Bravais (1811-1863) publie en 1845 une Analyse mathématique sur les probabilités des erreurs de situation d'un point. Il résume ainsi ce mémoire qui détermine la position d'un point dans l'espace par la mesure d'angles, de longueurs et parfois de durée : *Les résultats du mémoire précédent ne doivent être considérés comme nous offrant une image fidèle de nos connaissances sur la position d'un point, que dans les cas où les éléments employés ont été préalablement déterminés par un grand nombre d'observations ; il faut, de plus, que les erreurs possibles soient assez petites pour qu'on puisse négliger leurs carrés relativement aux erreurs elles-mêmes ... En conséquence, j'ai d'abord assujetti le point cherché à varier dans un plan donné, et j'ai examiné ensuite le cas général de l'espace. Je détermine les probabilités diverses que ce point a de se transporter dans une direction donnée pour aller de son lieu apparent à son lieu vrai ;*

celles pour que l'erreur de situation, c'est-à-dire la distance qui sépare ces deux lieux entre eux, soit moindre qu'une longueur donnée ; celles, enfin, pour que ce lieu vrai soit renfermé dans l'intérieur d'ellipses ou ellipsoïdes dont le contour offre pour tous ses points la même chance de coïncider avec le lieu vrai cherché, et, en général, pour que ce lieu vrai soit renfermé dans un espace quelconque, assigné, fini ou indéfini. Soutenu par Poisson, il semble avoir commencé ce mémoire entre 1832 et 1838 à bord du navire Le Loiret, au large des côtes algériennes. Il dépose son travail à l'Académie des sciences en 1838. Il s'agit de mesurer à bord d'un navire l'angle que fait, par rapport au pôle magnétique par exemple, la direction d'un point remarquable de la côte, l'amer (objet fixe et visible, servant de point de repère pour la navigation). Or, selon les travaux de Laplace, *quand un élément est déterminé par de nombreuses observations, la probabilité d'une erreur assignée est proportionnelle à une exponentielle, dont l'élément négatif procède suivant le carré de l'erreur multiplié par un coefficient constant ou module ... Laplace a imaginé, par analogie avec les jeux de hasard, de considérer le produit de l'erreur par sa probabilité, comme formant l'espérance mathématique correspondant à cette erreur ; c'est ce produit que nous appellerons la crainte mathématique de l'erreur.* Bravais réalise que le modèle gaussien s'applique mal aux erreurs de mesures effectuées sur un bateau balancé par la houle ou secoué par les vagues. Lors de la communication à la Société philomathique en 1838, il déclare : *Cette méthode serait applicable à la recherche des lieux auxquels les stations du navire doivent être faites pendant un levé sous voile, si la loi de possibilité des erreurs angulaires procédait alors suivant une exponentielle du carré de l'erreur, ce qui malheureusement n'est guère conforme avec l'appréciation des diverses sources de ces erreurs.*

Elève de Frédéric Le Play, Emile Cheysson (1836-1910), polytechnicien, ingénieur des ponts et chaussées, fait carrière dans l'administration et l'industrie. Son *Album de statistique graphique*, Paris, 1880, reste un modèle de représentation par diagrammes et cartogrammes de données temporelles pour les premiers et spatiaux pour les seconds. *Les diagrammes, généralement de forme rectangulaire, ont pour abscisse l'année et pour ordonnée le fait correspondant. On réunit par un trait continu ou par des gradins horizontaux les sommets de ces ordonnées, et la figure ainsi obtenue représente l'allure chronologique du fait dont il s'agit ... Le cartogramme associe la géographie à la statistique et peint le fait à l'emplacement même où il s'est produit.* Cette publication annuelle est consacrée aux faits économiques, techniques, financiers concernant les travaux publics, le premier album ayant paru en 1879. Il interprète à sa façon les termes de la communication de Galton de septembre 1885 : il conclut que la régression vers le type moyen d'une race correspond en moyenne au tiers de la somme de la taille du père, de celle de la mère, de la race en moyenne et du produit engendré.

Émile Durkheim (1858-1917), est un des fondateurs de la sociologie moderne. Positiviste, normalien, il se proclame agnostique et refuse de devenir rabbin, interrompant une tradition familiale qui remontait à huit générations. Il entre à l'École normale supérieure et obtient son agrégation de philosophie en 1882. En 1893, il devient docteur ès lettres. Dans ses travaux de sociologie, il recourt sans modération au type moyen de Quetelet pour soutenir la réalité du type collectif extérieur aux individualités : *La division du travail social*, Paris, 1893 où il étudie le rôle de l'hérédité, et *Les règles de la méthode sociologique*, Paris, 1894, où il scrute les différences entre le normal et le pathologique. Il s'intéresse également à ce phénomène statistiquement rare, l'autolyse, dans *Le suicide*, Paris, 1897 : *Ainsi, une monographie du suicide a une portée qui dépasse l'ordre particulier de faits qu'elle vise spécialement. Les questions qu'elle soulève sont solidaires des plus graves problèmes pratiques qui se posent à l'heure présente. Les progrès anormaux du suicide et le malaise général dont sont atteintes les sociétés contemporaines dérivent des mêmes causes. Ce que prouve ce nombre exceptionnellement élevé de morts volontaires, c'est l'état de perturbation profonde dont souffrent les sociétés civilisées et il en atteste la gravité. On peut même dire qu'il en donne la mesure. Quand ces souffrances s'expriment par la bouche d'un théoricien, on peut croire qu'elles sont exagérées et infidèlement traduites. Mais ici, dans la statistique des suicides, elles viennent comme s'enregistrer d'elles-mêmes, sans laisser de place à l'appréciation personnelle.*

Il établit différents tableaux statistiques dans son texte dont celui de la fréquence des suicides dans divers pays d'Europe selon la saison :

Saison Prusse	Danemark	Belgique	France	Saxe	Bavière	Autriche
(1858-65)	(1841-49)	(1835-43)	(1847-58)	(1858-65)	(1858-59)	(1869-72)
Eté 290	312	301	306	307	308	315
Printemps 284	284	275	283	281	282	281
Automne 227	227	229	210	217	218	219
Hiver 199	177	195	201	201	192	185

Il relève également que les suicides sont rares en pays catholiques, plus fréquents chez les protestants : ainsi, pour 1 million d'habitants, la moyenne des suicides est de 190 dans les états protestants, de 96 dans les états mixtes (protestants, catholiques), de 58 dans les états catholiques et de 40 chez les catholiques grecs. Les Juifs sont moins prédisposés au suicide que les protestants et même que les catholiques. Il semble que le fait d'être une minorité, pour les juifs comme pour les catholiques dans certains états, contraint les individus à plus de rigueur morale, et, pour l'Église juive, c'est d'autant plus primordial que l'hostilité qui l'environne la contraint à réglementer minutieusement tous les détails de l'existence et ne laisse que peu de place au jugement individuel. Tout le contraire de la religion réformée animée par l'esprit de libre examen qui favoriserait le suicide.

Legendre et Gauss : la querelle du siècle

Adrien-Marie Legendre et Carl Friedrich Gauss sont indissociables, car tous deux exposent la méthode des moindres carrés qui permet de comparer des données expérimentales, comportant ordinairement des erreurs, à un modèle mathématique supposé décrire ces données et permettant d'en atténuer la portée. Selon Stigler, cette polémique est la question cruciale des mathématiques statistiques au XIXe siècle. Il ajoute que la qualité du texte de

Legendre surclasse de loin l'exposé de Gauss qui estime de son côté que cette méthode est *un des problèmes les plus importants de la philosophie naturelle*.

La famille d'Adrien-Marie Legendre certes est roturière mais elle est fortunée. L'enfant est placé dans un des meilleurs établissements de l'époque, le collège Mazarin. Et ses aptitudes pour les mathématiques sont rapidement remarquées par ses professeurs. À 18 ans, en juillet 1770, il passe sa thèse de doctorat. Sur recommandation de d'Alembert, il est promu professeur de mathématique à l'École militaire de Paris. Ses travaux de balistique sont accueillis favorablement. Il fait la connaissance de Laplace professeur comme lui à l'École militaire et de trois ans son aîné. Laplace l'introduit dans le cercle de l'Académie de Paris. Dans ses *Nouvelles méthodes pour la détermination des orbites des comètes,* Paris, An XIII, 1805, Legendre expose la méthode des moindres carrés : *Dans la plupart des questions où il s'agit de tirer des mesures données par l'observation, les résultats les plus exacts qu'elles peuvent offrir, on est presque toujours conduit à un système d'équation de la forme : E=a+bx+cy+fz+ &c. dans lesquelles a, b, c, f, &c. sont des coëfficiens connus, qui varient d'une équation à l'autre, et x, y, z, &1c. sont des inconnues qu'il faut déterminer par la condition que la valeur de E se réduise, pour chaque équation, à une quantité ou nulle ou très petite. Si l'on a autant d'équations que d'inconnues, x, y, z, &c. il n'y a aucune difficulté pour la détermination de ces inconnues, et on peut rendre les erreurs E absolument nulles. Mais, le plus souvent, le nombre des équations est supérieur à celui des inconnues, et il est impossible d'anéantir toutes les erreurs. Dans cette circonstance, qui est celle de la plupart des problèmes physiques et astronomiques, où l'on cherche à déterminer quelques éléments importans, il entre nécessairement de l'arbitraire dans la distribution des erreurs, et on ne doit pas s'attendre que toutes les hypothèses conduiront exactement au même résultat ; mais il faut sur-tout faire en sorte que les erreurs extrêmes, sans avoir égard à leurs signes, soient renfermées dans les limites les plus étroites qu'il est possible. De tous les principes qu'on peut proposer pour cet objet, je pense qu'il n'en n'est pas de plus général, de plus exact ni d'une application plus facile que celui dont nous avons fait usage dans les recherches précédentes, et qui consiste à rendre minimum la somme des quarrés des erreurs. Par ce moyen, il s'établit entre les erreurs une sorte d'équilibre qui empêchant les extrêmes de prévaloir, et qui est très propre à faire connoître l'état du système le plus proche de la vérité ... On voit que la méthode des moindres quarrés fait connoître, en quelques sortes, le centre autour duquel viennent se ranger tous les résultats fournis par l'expérience, de manière à s'en écarter le moins qu'il est.*

Gauss manifeste dès son jeune âge des dispositions étonnantes pour les mathématiques. Mathématicien, astronome et physicien hors pair, il est reconnu par ses contemporains comme le prince des mathématiciens. D'origine modeste, sa mère est illettrée, son premier professeur décèle ses dons pour les mathématiques et l'encourage dans cette voie en lui procurant des ouvrages sur cette matière. Sa scolarité brillante lui permet d'accéder à l'Université Georgia Augusta de Göttingen. Il soutient son doctorat en 1799. Sa méthode des moindres carrés ne sera publiée qu'en 1809 dans le tome 2 de ses œuvres sur la mécanique céleste : *Theoria motus corporum coelestium in sectionibus conicis solem ambientium.* La découverte d'un planétoïde, Cérès, par Piazzi à Palerme en janvier 1801, astéroïde dont l'astronome perd la trace le 11 février de la même année, donne à Gauss l'occasion de vérifier la pertinence de ses calculs. Or, en décembre 1801, un autre astronome, von Zach, retrouve cette planète à l'endroit précis indiqué par les calculs de Gauss basés sur la méthode des moindres carrés ! Il compare sa méthode avec celle de Laplace : *Laplace a considéré la question d'une manière analogue mais en adoptant, pour mesure de la perte, l'erreur elle-même prise positivement. Cette hypothèse, si nous ne nous faisons pas d'illusion, n'est pas moins arbitraire que la nôtre ; faut-il en effet regarder une erreur double comme plus ou moins regrettable qu'une erreur simple répétée deux fois, et faut-il, par suite, lui assigner double ou plus que double ? C'est une question qui n'est pas claire, et sur laquelle les arguments mathématiques n'ont aucune prise ; chacun doit la résoudre à son gré. On ne peut nier pourtant que l'hypothèse de Laplace ne s'écarte de la loi de continuité et ne soit, par conséquent, moins propre à une étude analytique ; la nôtre, au contraire, se recommande par la généralité et la simplicité de ses conséquences.* Il fait allusion aux travaux de Legendre sur le même thème : *Au reste, ce principe, dont nous avons fait usage dès 1795, a été donné dernièrement par Legendre dans ses Nouvelles méthodes pour la détermination des orbites des comètes, Paris, 1806 ; on trouvera dans cet ouvrage plusieurs conséquences que le désir d'abréger nous a fait omettre.* Dans la querelle d'antériorité qui éclate entre les deux chercheurs, Legendre sera le plus virulent, mais, néanmoins Gauss bénéficie d'une indéniable antériorité dans la détermination de l'emplacement orbital exact de Cérès …

Angleterre : Booth, Farr, Galton, Edgeworth

David Ricardo (1772-1823), économiste britannique, imagine la loi des rendements décroissants qui stipule que les terres les moins fertiles sont cultivées les dernières. Leur rendement étant faible, le salaire de ceux qui les exploitent est plus faible. La rente résultant de l'exploitation des terres peu fertiles par une population plus nombreuse et qu'il faut payer, cette rente augmente car le prix du blé monte à proportion de l'infertilité des terres qu'il faut compenser. Ainsi la pression démographique amenant la mise en culture de terres infertiles entraîne une hausse du prix du blé et de la rente : *Principes de l'économie politique et de l'impô*t, Paris, 1817 dont la préface commence ainsi : *Le produit de la terre, c'est à dire tout ce que l'on retire de sa surface par les efforts combinés du travail, des machines et des capitaux, se partage entre les trois classes suivantes de la communauté : savoir : -les propriétaires fonciers, -les possesseurs des fonds ou des capitaux nécessaires pour la culture de la terre, -les travailleurs qui la cultivent. Chacune de ces classes aura cependant, selon l'état de la civilisation, une part très différente du produit total de la terre sous le nom de rente, de profit du capital et de salaires, et cette part dépendra, à chaque époque, de la fertilité des terres, de l'accroissement du capital et de la population, du talent, de l'habileté de cultivateurs, enfin des instruments employés dans l'agriculture.*

Un actuaire, botaniste sur le tard, Joshua Milne (1776-1851), publie en 1815, à Londres, les deux volumes d'un ouvrage intitulé

A treatise on the valuation of annuities and assurances. Il complète les données glanées dans la seconde moitié du XVIIIe siècle par Haygarth et Heysham en Angleterre, et en tire un mortuaire actualisé par année d'âge qui sera confirmé par Thomas Galloway en 1841 et employé par les compagnies d'assurance pendant cinquante ans. Il estime que *le nombre des vivants à un âge donné est la moyenne arithmétique des effectifs des personnes qui entrent et sortent de cet âge chaque année. Si X décès surviennent une année, ils se placent à X intervalles égaux, et c'est par la même hypothèse que, en calculant l'espérance de vie, les auteurs établissent que le nombre de personnes en vie à l'âge de N années et au-dessus est inférieur à la somme de ceux qui atteignent cet âge et les âges supérieurs de la moitié de l'effectif qui a atteint l'âge n cette année-là.*

Henry Wyldbore Rumsey (1809-1876) : *Essays and papers on some fallacies of statistics concerning life and death, health and diseases*, Londres, 1875. Hygiéniste et philanthrope, il est à l'origine d'une loi adoptée par la Chambre des communes en 1840 qui améliore la réglementation des secours médicaux accordés aux pauvres. Il souligne dans plusieurs publications, dès 1836, les erreurs des statistiques sanitaires et leurs conséquences sur l'appréciation erronée de la santé publique.

Autrement imposante est l'œuvre de Charles Booth (1840-1916). Tout commence en 1889 par la publication de deux volumes intitulés *Life and labour of the people* pour le tome 1 et *Life and labour of the people of London* pour le tome 2. Une seconde édition en 9 volumes paraît entre 1892 et 1897 puis une troisième, en 17 volumes cette fois, entre 1902 et 1903. L'originalité de cette étude réside dans la création de cartes en couleurs qui, rue par rue, déterminent les niveaux de richesse ou de pauvreté de chaque quartier. Qui était Booth ? Un riche armateur de la haute bourgeoisie de Liverpool qui finance cette initiative présentée en 1887 devant la *Royal Statistical Society.* Le projet est philanthropique et il fait de Booth un précurseur en sociologie. Il répartit la population londonienne en huit catégories classées de A à H qui abolit l'ancienne classification en classes dangereuses, en pauvres et en travailleurs en général. La classe A n'a pratiquement aucun revenu et subsiste de manière inconnue ou malhonnête : elle représente 0,9% pour toute la ville de Londres ;

la catégorie B réunit des familles très pauvres aux revenus irréguliers, plongées dans un dénuement profond : 7,5% des habitants de Londres ; la catégorie C a des revenus intermittents, elle est souvent victime du chômage : elle représente 8,3 % des familles de l'est de Londres ; ceux qui appartiennent à la catégorie D ont des revenus réguliers mais insuffisants pour sortir de la pauvreté : ils représentent 14,5% de la population de l'est de Londres ; les personnes classées de E à H représentent deux groupes : E+F qui comptent des travailleurs satisfaits de leur situation sociale : 51,9% de toute la ville ; G+H un cran au-dessus de la ligne de pauvreté : 17,8% pour tout Londres. Cette promiscuité entre la grande pauvreté et la pauvreté modérée est nuisible selon Booth car elle met en concurrence des candidatures inégales pour les emplois et les salaires. Il propose d'éloigner les pauvres de catégorie A et de favoriser ainsi l'accès au travail des catégorie B et C.

Francis Galton (1822-1911) est le premier à essayer d'appliquer la statistique à la psychologie. Il créé en 1884, à l'occasion de l'Exposition Internationale de Santé, un laboratoire anthropométrique qui va tester d'innombrables visiteurs à l'aide d'explorations simples dont il avait jeté les jalons dans *Inquiries into human faculty and its development*, 1883. Il étalonne les résultats obtenus ce qui lui permet de repérer la réussite de chaque individu par rapport au total des réussites de la population. Il s'empare des travaux de Booth sur les huit catégories de pauvres, convaincu que cette classification reflète une variable continue distribuée selon la valeur sociale ou l'aptitude. C'est le prélude aux tests utilisés pour la sélection et l'orientation professionnelles. Il imagine de contrôler expérimentalement la théorie de l'évolution en étudiant statistiquement l'hérédité et les spécificités individuelles : *A descriptive list of anthropometric apparatus : consisting of intruments fot measuring the chief physical apparatus of the human body* ... Cambridge, 1887.

Francis Ysidro Edgeworth (1845-1926), moins remuant que Galton, est avocat et économiste. Son principal ouvrage, *Mathematical psychics, an essay on the application of mathematics to the moral science*, Londres, 1881, montre qu'Edgeworth n'est intéressé ni par la politique ni par l'eugénisme mais par l'économie. Il invente la courbe d'indifférence, lieu géométrique qui montre les différents arrangements de deux biens qui proposent à un acheteur précis un niveau identique de convenance. Il conçoit également la boite d'Edgeworth, graphique permettant de figurer les éventualités d'échanges de deux biens entre deux personnes. Le seul tort d'Edgeworth est de n'avoir pas su, contrairement à Galton, organiser des possibilités de débouchés ou des institutions de recherches pour se faire connaître dans le monde scientifique.

Pearson et Yule

Pearson rejette la notion de causalité, comme le lui avait suggéré la lecture du physicien Ernst Mach (1838-1916), subordonnant l'existence de la réalité à sa réalisation et à son renforcement dans un domaine humain. Yule va se brouiller avec Pearson en développant la notion d'indépendance qui identifie intuitivement des évènements hypothétiques n'agissant pas l'un sur l'autre. Ce concept est fondamental en statistique et en matière de probabilités : un premier lancer de dés ne présume en rien du résultat du second jeter. Pearson, en 1893, définit comme écart type ou racine carrée de la variance, la mesure de la dispersion démontrée par de Moivre en 1718.

Karl Pearson (1857-1936), avocat et mathématicien, disciple de Galton, s'intéresse à la sélection naturelle de Darwin, et, comme Galton, lui applique les méthodes sélectives. Ses travaux portent sur le coefficient de corrélation étudié par Bravais et Galton, sur la méthode des moments, sur la distribution ajustée aux échantillons, sur les courbes continues, sur les bases des distributions de probabilités continues, sur la distance *Chi*, loi de probabilité d'une variable aléatoire, somme de *n* variables aléatoires normales, réduites et indépendantes, sur la mesure de probabilité avec la valeur hypothétique comme point central et la distance *Chi* comme rayon, sur la théorie des tests d'hypothèse statistique et de la décision statistique, sur le test du *Chi* carré de Pearson, X^2, à n degrés de liberté, loi de probabilité d'une variable aléatoire, somme de *n* variables aléatoires normales, réduites et indépendantes, sur l'ajustement d'un sous espace linéaire en minimisant les distances *Chi*, sur les histogrammes dont il serait l'initiateur. Pour lui, le taux de mortalité d'une population est le reflet observable de l'adaptation. Évidemment sa position eugénique nous semble déplacée : il préconise la stérilisation autoritaire des inaptes, ceux dont le patrimoine génétique permet la transmission de tares congénitales récurrentes. Son racialisme affirme que la survivance de ces maux héréditaires ruine tout progrès social. Il construit corrélativement une théorie qui établit un lien entre des faits théoriques et une méthode a priori : *The chances of death and other studies in evolution*, Londres, 1897. Dans *La grammaire de la science. La physique... traduit sur la troisième édition anglaise par Lucien March...*, Paris, 1912, on trouve ce passage révélateur des conceptions de Pearson sur les probabilités : *La probabilité est conditionnée par les deux facteurs suivants : 1° Dans la plupart des cas, l'ordre des faits s'est répété précédemment souvent dans le même ordre ; 2° l'expérience passée que les séries de perceptions se sont reproduites jusqu'ici sans manquer. Ainsi, il y a une expérience passée, tant de la répétition de la classe de faits que de la répétition des faits individuels, qui fortifie la probabilité d'un retour ultérieur de la même suite. La probabilité que le soleil se lèvera demain n'est pas seulement conditionnée par l'expérience qu'ont les hommes du mouvement du soleil, mais par leur expérience de l'ordre uniforme des phénomènes naturels. Il n'est pas nécessaire de répéter une expérience conduite avec précaution un grand nombre de fois pour donner la preuve d'une certaine succession de perceptions, c'est-à-dire pour établir une probabilité écrasante en sa faveur. L'énorme probabilité que, d'après l'expérience passée, toutes les séries se reproduisent, s'applique à la série nouvelle réalisée. Supposons la solidification de l'hydrogène réalisé une fois par un expérimentateur d'une probité et d'une habileté connues, et par une méthode où la critique ne puisse trouver aucune fissure. Quelle est la probabilité que la répétition du même procédé entraîne la solidification de l'hydrogène ? D'après Laplace, la probabilité pour qu'un événement qui s'est produit* ***p*** *fois sans faillir se reproduise une fois de plus est représentée par la fraction* ***p+1/p+2****. Dès lors, dans le cas de l'hydrogène la probabilité de la répétition serait seulement de 2/3, ou, comme on dit communément, il y aurait deux chances contre une en sa faveur. D'un autre côté, si le soleil s'est* *levé sans manquer un million de fois, les chances pour qu'il se lève demain seraient de 1.000.001 contre 1. Dans ces conditions, on aurait évidemment la certitude pratique que le lever du soleil se reproduira et seulement quelque vraisemblable que l'hydrogène se solidifiera de nouveau.* On pourrait dire que le risque alpha, est considérable dans le cas de l'hydrogène, nul pour le lever du soleil.

Son élève, Udny Yule (1871-1951) fait partie de la gentry écossaise : son oncle était le célèbre orientaliste Henry Yule. Elève du Winchester College, il est admis à 16 ans à l'University College de Londres comme étudiant en sciences de l'ingénieur et part un an à Bonn dans le laboratoire d'Heinrich Hertz. En 1893, il est préparateur de Karl Pearson avec lequel il s'intéresse aux statistiques. Il publie divers articles sur le sujet puis, en 1912, son *Introduction to the théory of statistics*, date à laquelle il prend ses fonctions à la chaire de statistique de Cambridge, sera un succès de librairie édité jusqu'en 1950. Membre de la Royal statistical society, à laquelle ni Galton ni Pearson n'ont adhéré, leurs convictions héréditaristes ou eugénistes les éloignant d'un courant de pensée qu'ils jugent trop préoccupé à améliorer les conditions de vie des plus démunis, et à entraver la sélection naturelle. Il publie sur ce thème cinq articles entre 1895 et 1899. Pour analyser les variations du paupérisme, il utilise la variation de l'aide à domicile, celle de la population et des vieillards, comme variables explicatives.

Allemagne : Hassel, Engel, Böckh, Lexis, Weber, Marx

Georg Hassel (1770-1829) est nommé directeur du bureau de statistique de Westphalie en 1809. Il est l'auteur, entre autres ouvrages, d'un *Traité statistique des états de l'Europe,* 1812, et d'un *Manuel complet de géographie et de statistique modernes,* 1816-1820. À la disparition de cet état, il habite Weimar et rédige ses *Ephémérides géographiques.*

Statisticien actif et engagé, Ernest Engel (1821-1896) succède à Godefroy Hoffmann (1765-1847) qui avait dirigé le service des statistiques prussiens de 1810 à 1845. Il définit ainsi, en 1853, la méthode numérique : *Elle est une méthode et une science ; comme méthode, elle est l'observation systématique des faits par masse, et, comme telle, elle se met également au service des sciences naturelles ; comme science, elle observe la vie des peuples et des états dans ses aspects et ses manifestations qu'elle étudie mathématiquement et dont elle démontre analytiquement les causes.* (Dechambre, 3 S., **11**, 1883). Sans être un mathématicien de haut vol, c'est un administrateur qui reconstruira les bureaux de la statistique de Prusse tant sur le plan technique que sur celui de la centralisation administrative. Il contribue à la création, en 1872, du *Verein für Sozialpolitik* qui se heurtera à l'intransigeance de Bismarck et ne pourra réaliser ses objectifs d'alliance avec le pouvoir. L'essor industriel de l'Allemagne concurrence bientôt celui de l'Angleterre et de la France. Engel élabore un dénombrement unique des individus, des métiers et des entreprises basées, comme en France dès 1896, sur des bulletins individuels. Il contribue à l'élaboration des lois sociales en faveur des ouvriers solidement organisés politiquement et syndicalement. Bismarck les fera voter, créant en 1883, les assurances-maladies, en 1884, l'indemnisation des accidents du travail et les retraites en 1891. On doit à Engel les trois lois qui portent son nom : 1° la part des dépenses consacrée à l'alimentation diminue à mesure que le revenu augmente, 2° la part des dépenses destinée à l'habillement, au logement, au chauffage, à l'éclairage ne varie quasiment pas quelle que soit le niveau du revenu, 3° la part des dépenses employée à l'éducation, à la santé, aux distractions, aux voyages croît à mesure que les revenus augmentent. Il est notamment l'auteur du : Zur Geschichte des königlich preussischen statistischen Bureaus, *Zeitschrift des kgl. preussischen statistischen Bureaus*, I, Berlin, 1860-61.

Richard Böckh (1824-1908), docteur en droit et en sciences politiques, entre en 1852 au bureau des statistiques de Prusse. Il est missionné à Postdam pour y créer un bureau régional puis revient en Prusse où, avec l'appui d'Engel, il obtient la direction du bureau des statistiques. Il publie son premier ouvrage important pendant son séjour à Postdam, capitale du Brandebourg : *Ortschaftsstatistik und historisch-geographisch-statistische Ubersicht des Regierungs-bezirks Postdam mit der Stadt Berlin,* 1861. Il s'intéresse également aux langues nationales et à leur rôle dans la définition de l'appartenance à une communauté territoriale. Les deux volumes de sa *Statistique Nationale des grandes villes,* Budapest, 1875, est un monument chiffré impressionnant des mouvements de population et des ressources ou dépenses financières et commerciales des grandes villes d'Europe. On apprend ainsi qu'à Paris on consomme plus de pain et surtout plus de boissons alcoolisées depuis la Révolution, que la consommation de viande s'y est accrue passant d'un centième en 1818 à 21% en cette fin de XIXe siècle ! Les boucheries chevalines font leur apparition en juillet 1866 et cette année-là on abat 2312 chevaux qui fournissent chacun 260 kilogrammes de viande ; pendant le siège de Paris par les Prussiens, plus de 80 000 chevaux ont été abattus et consommés par la population parisienne. En 1868, on a dépensé 27 785 769 francs de volailles ; 31 836 265 francs de beurre ; 17 045 013 francs d'œufs ; 1 869 166 francs d'huitres ; le montant total de la recette des ventes de tabac pour l'ensemble de la France, en 1868, s'élève à 247 657 987 francs. Alors que la quantité de bois à brûler diminue d'années en années à Paris, celle du charbon a augmenté considérablement : *En 1849, il entrait à Paris 495 000 stères de bois et 2 650 000 hectolitres de charbon de terre. Aujourd'hui Paris consomme 429 000 stères de bois à brûler et 705 millions d'hectolitres de charbon ...*

Wilhelm Lexis (1837-1914) est un des pionniers de l'analyse démographique par série chronologique. Alors que Böckh est un fonctionnaire zélé et un administrateur hors pair, Lexis est un universitaire de haut vol. Il critique le modèle mathématique des statistiques qui ne tient pas compte des réalités observées. Il se détourne de l'économie pour se consacrer à la physique, jugeant que l'étude de l'économie basée sur un système d'inconnues résolvables ne peut être opérationnelle ou normative car dépassant les capacités du cerveau de l'homme. Il préconise d'introduire la temporalité dans l'étude de la valeur ou de la demande des besoins itératifs. Le graphique ou la table dite de Lexis permet de caractériser une cohorte à partir de trois variables démographiques : âge, date de naissance et date banale (mariage, divorce, décès...). Il publie : *Einleitung in die Theorie der Bevölkerungsstatistik,* Strasbourg, 1875 (Introduction à la théorie de la population). Le premier à donner un graphique de la dynamique d'une population fut Georg Knapp en 1868 ; Lexis sera celui qui l'utilisera et l'expérimentera.

L'économiste Max Weber (1864-1920), est considéré comme le père de la sociologie. Il se penche sur le problème de cohésion sociale et nationale que pose l'industrialisation croissante de l'Allemagne et son besoin de bras. En effet, les populations de Prusse Orientale qui travaillaient la terre pour les grands propriétaires fonciers, les Junkers, émigrent vers le sud-ouest rhénan. Ils sont remplacés par une main d'œuvre polonaise ou russe. Il envoie donc deux questionnaires, l'un aux propriétaires terriens les interrogeant sur l'effectif de leurs employés, sur le mode de rétribution, sur leurs caractéristiques sociales, sur les types de contrats de travail, sur les éventuelles possibilités d'accéder à l'éducation. L'autre questionnaire, il le destine à des fonctionnaires censés connaître le milieu rural, à des enseignants, à des ecclésiastiques, à des notaires. Il en tire un rapport de 900 pages dans lequel il suggère de créer de petites exploitations agricoles qui se substitueraient aux latifundia des Junkers et qui fixeraient une main d'œuvre allemande, évitant l'afflux de migrants venant de l'est. C'est dans *l'Éthique protestante et l'esprit du capitalisme*, 1904-1905, qu'il analyse bureaucratie et capitalisme. Il souligne notamment combien le capitalisme moderne s'est développé avec les progrès de la technique, favorisé par la structure sociale, celle du droit et celle de l'administration.

On connaît les théories de Karl Marx (1818-1883) qui, comme le dit Ricardo, se construisent sur la tendance à la baisse des taux de profit. Chaque entrepreneur, confronté à la concurrence, doit modérer ses prix pour écouler sa marchandise. Face à cette baisse, il est contraint d'augmenter la productivité. Il dispose de deux leviers pour y parvenir : le premier consiste à accroître la part du travail de l'employé qu'il ne rémunère pas, la fameuse plus-value. Mais cet expédient a ses limites. La deuxième solution consiste à augmenter et à perfectionner les machines de son entreprise et à fractionner de plus en plus le travail. Ainsi aura-t-il diminué les frais de production tout en accroissant son capital productif. Pour pallier la baisse des profits, le capitaliste soutire à outrance de la plus-value aux dépens de l'ouvrier qu'il emploie et exploite. Il en résulte une paupérisation inhérente au travail lui-même et au mode de production capitaliste. Il résume sa théorie de la population dans cette simple équation : TP= PV/C+V, TP étant le taux de profit, PV la plus-value, C le capital constant et V le capital variable. PV/V, c'est le taux de plus-value qui a ses limites, la classe ouvrière ayant le droit de vivre et de se multiplier ; C/V, c'est la composition organique du capital, le taux de profit diminuant si le dénominateur grandit plus que le numérateur.

Belgique : Quetelet

Adolphe Quetelet (1796-1874) publie son premier travail sur les statistiques en 1825 : Mémoire sur les lois des naissances et de la mortalité à Bruxelles, *Nouveaux mémoires de l'Académie*, III, 1826, pour remplacer les anciennes tables de mortalité de Kerssboom. En 1866, il interprète ainsi la mise en application de la statistique : *Elle s'occupe d'un état pendant une époque déterminée ; réunit les éléments qui se rapportent à l'existence de cet État, s'applique à les rendre comparables et les combine de la manière la plus utile pour reconnaître tous les faits qui peuvent s'y révéler ... Les phénomènes moraux, quand on observe les masses, rentrant en quelque sorte dans l'ordre des phénomènes physiques, on serait admis à admettre comme principe fondamental dans les recherches de cette nature que, plus le nombre des individus qu'on observe est grand, plus les particularités individuelles, soit physiques, soit morales, soit intellectuelles, s'effacent et laissent prédominer la série des faits généraux, en vertu desquels la société existe et se conserve.* (Dechambre, 3 S., **11**, 1883). Il veut montrer l'usage que peuvent faires les assureurs de ces documents et surtout rechercher les lois de la mortalité et de la natalité pour en déduire quelque loi de la nature qui agirait sur l'homme comme elle le fait sur le développement des végétaux et des animaux. En 1835, il fait paraître un ouvrage en deux volumes, apport crucial en biostatistique : *Sur l'homme et le développement de ses facultés ou essai de physique social*e. L'auteur, dans un court préambule, précise que son ouvrage résume tous ses travaux antérieurs sur la statistique et comprend deux parties bien distinctes, la première exposant des faits, la seconde soumettant au public ses conceptions sur l'être humain et son organisation sociale. Il se réclame des conceptions soutenues par Villermé *qui a bien voulu se charger de surveiller, pendant mon absence, l'impression de la majorité de cet ouvrage.* On y retrouve les idées rousseauistes agrémentées de calculs statistiques. Il est à l'origine du premier Congrès international de statistique tenu à Bruxelles en 1853. Il découvre que la répartition des différences de taille notamment observée sur un grand nombre d'individus, obéit à la loi de Laplace-Gauss. La courbe en cloche met en évidence une concentration de sujets autour d'une valeur moyenne et une décroissance vers les valeurs extrêmes. Son *Mémoire sur les lois des naissances et de la mortalité à Bruxelles, 1835-1870,* est destiné aux sociétés d'assurances sur la vie et examine les lois des naissances et des décès. Il en déduit que le mois le plus favorable à la conception est celui de mai et que l'on meurt plus en décembre et en janvier qu'en juillet et en août. Il confirme l'estimation de Malthus qui voyait une corrélation entre la baisse de la mortalité et celle des naissances. Il livre ces chiffres de la mortalité infantile qui nous semblent effarants : *Dans l'espace de six années, il est né à Bruxelles vingt mille neuf cent soixante-quinze enfans ; trois mille cinquante et un sont morts pendant la première année et mille quarante-quatre pendant le premier mois ; de sorte que le vingtième, à peu près exactement, a été moissonné dès le premier mois ; et plus du septième après la première année. La probabilité de mourir le premier mois, était donc à peu près un vingtième, pour chacun d'eux avant sa naissance, et un septième, pour l'année ; en divisant le nombre des chances favorables à l'évènement attendu par le nombre total des chances.* Quant à la mortalité et à l'espérance de vie, à l'âge de 5 ans on a devant soi 44 années de vie pour les garçons, plus de 47 pour les filles ; à 30 ans, on peut espérer vivre 32 ans ; à 50, 18 ans et à 70, à peu près 7 ans. Il précise : *Enfin, si l'on regarde comme mesure de la longévité, l'âge de 90 ans, la table de l'annuaire donne pour la France 0,0038 ; celle de Londres, 0,0020 ; celle de Vienne, 0,0020 ; celle de Berlin, 0,0042, et celle de Suisse, 0,0050. Celle de Bruxelles donnera 0,0023 pour les hommes ; 0,00804 pour les femmes ; et 0,00554 pour les deux sexes. La probabilité pour une femme d'atteindre l'âge de 100 ans serait de 1/6843.* Il publie *Théorie des probabilités*, Bruxelles, 1853 : il y développe notamment les applications des probabilités aux sciences d'observation, sciences physiques, températures, pluies ; sciences naturelles, botanique : floraison, phénomènes périodiques ; sciences naturelles et anthropologie : unité de l'espèce humaine, croissance et poids de l'homme, naissances, etc. ; sciences politiques : mortalité de l'être humain et tables de mortalité ; sciences morales : prix des grains, sociétés d'assurances, distractions, mariages, crimes, tables de criminalité. À ce propos, il énumère huit espèces de crimes dénombrés en France : penchant au vol qui se manifeste à l'âge de 22 ans ; tendance au viol qui apparaît avant 22 ans pour diminuer jusqu'à 50-55 ans puis croître à nouveau entre 65 et 70 ans ; coups et blessures très fréquents vers 28 ans, avec les meurtres avant 27 ans et les assassinats vers 30 ans, l'âge atténuant progressivement ces tendances plus rapidement pour les meurtres que pour les assassinats ; enfin les empoisonnements et les falsifications plafonnent pour le sexe masculin à l'âge mûr. On peut lire dans la conclusion de cet ouvrage : *Ce qui précède nous montre qu'il existe bien peu de choses dont nous puissions acquérir la certitude, et que la plupart de nos connaissances, celles-mêmes sur lesquelles nous aimons le plus nous appuyer, ne sont fondées que sur des probabilités plus ou moins fortes. Il est donc intéressant de pouvoir apprécier la valeur de ces probabilités, non pour en faire l'application à quelques cas particuliers, qui mettraient nos calculs en défaut ; mais pour nous élever à la connaissance des résultats que doivent amener les mêmes causes toujours agissantes, qu'elles soient connues ou que leur existence et leur mode d'action soient révélés par l'expérience seulement. Le hasard, ce mot mystérieux dont on a tant abusé, ne doit être regardé que comme servant à couvrir notre ignorance ; c'est un fantôme qui exerce l'empire le plus absolu sur le vulgaire, habitué à ne considérer les faits qu'isolément, mais qui s'anéantit, et dont la pénétration ne saurait être mise en défaut par des écarts qui disparaissent à ses yeux quand il sait se placer assez haut pour saisir les lois de la nature. Ces lois sont éternelles, immuables comme l'intelligence dont elles découlent ; il n'est pas en notre pouvoir de les dénaturer ; mais il est de la dignité de l'homme de chercher à les saisir au milieu des anomalies sans nombre qu'elles semblent présenter. Un des plus grands mérites des sciences modernes est d'avoir pu soumettre à la précision des nombres la détermination de la plupart des grands principes qui paraissent devoir leur échapper ; cette détermination n'a rien d'arbitraire ; elle ne donne point prise aux subtilités de mots dont on a tant abusé ; c'est par des faits qu'elle s'obtient, et par des faits susceptibles d'être appréciés numériquement. Ainsi, l'on a vu le calcul des probabilités qui a pris naissance depuis deux siècles au plus, et qui avait essayé ses forces en montrant la vraie théorie qui doit régler les jeux de toutes espèces, faire tout à coup incursion dans le domaine des sciences naturelles pour indiquer les lois des naissances et de la mortalité, dans celui des sciences physiques pour estimer la précision des résultats observés, dans le champ des sciences historiques pour apprécier la valeur des faits et des traditions ; on l'a vu depuis sous différents noms, se rapprocher de la tribune et régler la théorie des élections, ou énumérer les richesses et les besoins des peuples par des nombres auxquels nulle éloquence humaine ne pourrait résister. Tout ce qui peut être exprimé numériquement devient de son ressort : plus les sciences se perfectionnent, plus elles tendent à rentrer dans son domaine, qui est une espèce de centre vers lequel elles viennent converger. On peut même juger du degré de perfection auquel une science est parvenue par la facilité plus ou moins grande avec laquelle elle se laisse aborder par le calcul, et ainsi même se justifie le proverbe ancien, placé en tête de cet ouvrage : mundum numeri regunt.*

Disciple de Durckheim, Maurice Halbwachs (1877-1945) met bien en évidence la communauté de pensée entre Quetelet et Durkheim quand il écrit dans *La théorie de l'homme moyen, essai sur Quetelet et la statistique morale*, Paris, 1913 : *On a cité, en effet, un certain nombre de textes qui autoriseraient un rapprochement entre la théorie de l'homme moyen de Quetelet et la définition du type normal et du type moyen telle qu'elle a été présentée par Durkheim. D'après Quetelet, les qualités de l'homme moyen « se développent dans un juste équilibre, dans une parfaite harmonie, également éloignée des excès et des défectuosités de toute espèce » ... L'homme moyen serait donc « le type absolu du beau et du bien dans le sens le plus général » ...* Durkheim de son côté affirme : *« Si l'on convient de nommer type moyen l'être schématique que l'on constituerait en rassemblant en un même tout, en une sorte d'individualité abstraite, les caractères les plus fréquents dans l'espèce avec leurs formes les plus fréquentes, on pourra dire que le type normal se confond avec le type moyen, et que tout écart par rapport à cet étalon de la santé est un phénomène morbide ».*

Suisse : Duvillard

Le genevois Emmanuel Etienne Duvillard (1755-1832), ancien collaborateur de Turgot, deviendra en 1805, chargé de la statistique démographique au ministère de l'intérieur. Ce protestant écrit en 1787 une *Recherche sur les rentes et les remboursements*, en 1790, un *Plan d'une association de prévoyance* et *Analyse et tableau de l'Influence de la petite vérole sur la mortalité à chaque âge et de celle qu'un préservatif tel que la vaccine peut avoir sur la population et la longévité*, Paris, 1806. Dans *Analyse et tableaux...*, il remarque *: Pour bien connoître l'influence de la petite vérole sur la mortalité à chaque âge, et sentir tout le prix d'un moyen qui mettrait les hommes à l'abri d'une si funeste maladie, il ne suffit pas de savoir quel est, sur le nombre total des morts de tout âge, celui des morts par la petite vérole ; car le danger de mourir de cette maladie varie selon les âges : on ne sera vraiment éclairé sur cet important objet, qu'après avoir résolu ces questions principales : Quels sont dans tel pays la loi de mortalité et le nombre des personnes vivantes à chaque âge dans l'état naturel ! Quel est le nombre de celles qui n'ont pas eu la petite vérole ! Parmi celles-ci combien y en a-t-il de chaque âge qui la prendront dans l'année ! De celles-ci combien en mourra-t-il à chaque âge ! Parmi les morts de maladies autres que la petite vérole, combien y en-a-t-il qui n'ont pas eu cette maladie ! Quelle est la loi de mortalité pour ceux qui ont eu la petite vérole, ou qui en ont été mis à l'abri ! Supposant, comme cela paroît constaté, que la vaccine préserve absolument de la petite vérole, sans introduire aucun autre germe de maladie mortelle, quel seroit le nombre des survivans à chaque âge, si l'on vaccinoit dorénavant tous les enfans qui naîtront ! Si actuellement toutes les personnes qui n'ont point encore eu la petite vérole étoient vaccinées, quel seroit dans l'année le nombre des morts de chaque âge ! ... La statistique devroit présenter le tableau exact des faits demandés* *par ces questions ou au moyen desquels on les résoudroit par des calculs faciles ... Avec la seule connoissance positive du nombre des morts de petite vérole à chaque âge, des morts d'autres maladies et des naissances qui ont fourni ces décès (données qui sont dans les registres de l'état civil), on peut, à l'aide de l'analyse, parvenir à la connoissance de la loi de mortalité dans l'état naturel et dans l'état non variolique ... En appliquant les mathématiques aux objets susceptibles d'être mesurés et appréciés, combien de connoissances précises, certaines, sur une multitude de choses relatives aux intérêts individuels et publics, ne substitueroit-on pas à des idées vagues, fausses ou incomplètes, et quels progrès ne pourroit-on pas faire dans plusieurs parties des sciences morales et politiques.*

Médecins

France : Villermé, Louis, Parent-Duchâtelet, Rayer, Risueno, Guéneau de Mussy, Bouillaud

Le XIXe siècle à ses débuts, adhère à cette hypothèse du déterminisme des saisons sur l'état de santé des populations. En 1800, le Bureau des statistiques est créé. En conséquence, l'étiologie véritable des maladies est mise à l'écart au profit des constitutions climatiques et du terrain géographique, leurres pseudo scientifiques rajeunis. C'est un mal européen et Semmelweis en fut victime à propos de l'étiologie de la fièvre puerpérale.

Des personnalités de diverses générations, d'origines sociales différentes, de formations parfois dissemblables vont se jeter dans une mêlée dont l'acmé se situe au cours des débats entre adversaires et partisans du calcul statistique appliqué à la médecine qui, en 1836, secoue le vénérable édifice de l'Académie royale de médecine. Aux rangs des partisans de la méthode, on compte Cadet de Gassicourt, traditionnaliste et néanmoins promoteur du calcul de probabilité ; Villermé, inlassable novateur et sociologue, acteur militant du progrès social ; Pierre Louis, pathologiste et statisticien soumettant la thérapeutique au crible du comptage et du classement des résultats d'un traitement, Joseph Bérard démographe montpelliérain, Parent-Duchâtelet qui scrute les errements de la société de son temps dont la prostitution n'est pas le moindre ; Gasté, tenant inébranlable des applications de la statistique à la médecine ; Rayer, un des plus importants contributeurs à l'introduction du calcul statistique appliqué à l'anatomie, à la physiologie et à la pathologie : il sera, en 1836, un des plus tenaces opposants aux adversaires de la méthode : Double, Risueno d'Amador, Piorry, Dubois d'Amiens, Cruveilhier, Martin Solon, Costil. Epaulé par Guéneau de Mussy, Chomel, Bouillaud, Lepelletier de la Sarthe, Casimir Broussais, Rochoux, Maher, Rayer assurera la défense du camp des probabilistes. Andral, fidèle à Victor Cousin et à l'éclectisme, plane au-dessus de la polémique. Son élève Gavarret lui apporte des arguments en faveur du calcul statistique qui expliquent sans doute sa prudence dans ses appréciations de la nouvelle méthodologie. Quant à Broussais père, incorrigible anticonformiste, il plaide pour une statistique sans mathématiques !

Charles-Louis Cadet de Gassicourt (1769-1821), fils naturel de Louis XV, publie en 1816 dans les *Mémoires de la Société médicale d'émulation,* un article de 14 pages intitulé : Considérations statistiques sur la santé des ouvriers. Son étude ne concerne que le département de la Seine et porte approximativement sur les effectifs de quinze cents fabriques ou manufactures qui emploient 92000 personnes. Il prend en considération, dans un tableau comparatif, la nature de la profession, le nombre d'ouvriers étudiés, leur moralité, leur santé et enfin, le cas échéant, il compare ses résultats à ceux de Ramazzini au XVIIIe siècle. L'auteur prend en considération la profession, les effectifs, la moralité, les pathologies. Suit un inventaire assez étonnant des diverses professions concernées : les bouchers, au nombre de 1269, sont *doux, peu adonnés au vin, recherchés dans leur mise, aimant beaucoup les spectacles, difficiles à irriter, mais dangereux dans leur colère ; assez fidèles avec leurs maîtres, moins fidèles avec les chalands, fiers. Maladies : Ils sont rarement malades, mais leurs maladies sont presque toujours aiguës ; ils mangent peu, sont fort colorés et sujets à l'obésité. Ramazzini n'en parle pas.* À la suite, Cadet de Gassicourt énumère les boulangers, querelleurs, joueurs, débauchés, très vindicatifs ..., les marchands de vin, évidemment buveurs ; les pâtissiers moins débauchés que les boulangers ; les restaurateurs, limonadiers, perruquiers et tailleurs, étrange amalgame, enclins au vol, au jeu, dépensiers ; les charcutiers, proches des bouchers mais moins propres ; les terrassiers : dociles et laborieux ; les maçons : ceux de province sont honnêtes, ceux de Paris, séditieux, turbulents, crapuleux ; les égoutiers et les fossoyeurs : ivrognes et voleurs ; les tailleurs de pierre, marbriers et charpentiers : sobres mais corporatistes ; les amidonniers : sales, crapuleux ; les savonniers : pas de remarque ; les vanniers comme les tapissiers : sages et laborieux ; les tanneurs grossiers, ivrognes et débauchés ; les chaudronniers : avares et inconstants ; les fondeurs, doreurs, couteliers, rémouleurs, batteur d'or : laborieux, disciplinés et raisonnables ; les rubaniers : ivrognes, tapageurs ; les orfèvres, horloger, graveurs : doux, tranquilles, sobres, fidèles ; les bijoutiers : inconstants, hautains, joueurs, duellistes ... ; les polisseurs et étameurs de glace, les fondeurs en caractères, les plombiers, les bonnetiers, les teinturiers : calmes, patients, dociles, sobres, aux mœurs dans les normes. Étrange inventaire qui ne laisse pas de surprendre.

Louis R. Villermé, donne cette définition de la statistique : *C'est l'exposé de l'état de la situation ou, pour employer l'expression d'Achenwall, de tout ce qu'on trouve d'effectif dans une société politique, dans un pays, dans un lieu quelconque. Mais cet exposé, dégagé d'explications, de vues théoriques, de tout système et consistant, pour ainsi dire, en un simple inventaire doit être rédigé de telle façon que l'on compare aisément tous les résultats et que les effets généraux des institutions, le bonheur ou le malheur des habitants, leur prospérité ou leur misère, la force ou la faiblesse d'un peuple puissent s'en déduire.* Dans un article intitulé Des épidémies sous les rapports de l'hygiène publique, de la statistique médicale et de l'économie politique, publié en 1833 dans les *Annales d'hygiène publique et de médecine légale,* il fait la constatation suivante : *Les épidémies diminuent de fréquence et d'intensité dans tous les pays qui, de la barbarie ou de l'ignorance, passent à l'état de civilisation ... Les classes misérables en sont beaucoup plus souvent atteintes, et par conséquent beaucoup plus souvent victimes que les classes aisées ... la civilisation a déplacé, dans beaucoup d'endroits, les époques du maximum et du minimum de la mortalité, surtout celle du maximum ... La mortalité est d'autant plus forte pour les enfans, qu'ils se rapprochent davantage de la naissance, et pour les vieillards qu'ils sont plus avancés en âge ; de sorte, que sous ce rapport, la loi de la mortalité épidémique suit la loi de la mortalité ordinaire.* Il partage l'opinion de Rayer : pour lui, en général, les épidémies ne réduisent pas, sauf momentanément, la démographie des régions qu'elles dévastent. Dans le cas contraire, si l'épidémie est intense et enlève une grande quantité des habitants d'un pays, provoquant un vide important dans la population, on observe immédiatement après, une recrudescence des mariages et des naissances et une diminution de la mortalité. Il a étudié les résultats observés dans les prisons et constaté que la mortalité diminue proportionnellement au soin avec lequel l'établissement est tenu et à la fortune du détenu. Dans certains dépôts de mendicité la mortalité est de 45% mais pour les vieillards et les infirmes qu'on en retire pour les transférer dans un établissement de meilleure qualité, elle passe à 1 sur 6 !

Le Dictionnaire des sciences médicales de Panckouke, dans son 52e volume daté de 1821, consacre une dizaine de pages à la statistique médicale sous la plume du médecin philanthrope Michel Friedlander (1769-1824) : *La statistique en elle-même est un composé de connaissances très hétérogènes ; elle prend ses matériaux et ses auxiliaires dans toutes les sciences, même dans la médecine : la médecine peut donc de droit moissonner à son tour dans ces vastes domaines.*

Le résultat de mes recherches sur les effets de la saignée dans les inflammations, est si peu d'accord avec l'opinion commune, que ce n'est pas sans une sorte d'hésitation que je me décide à les publier. Après avoir analysé une première fois les faits qui y sont relatifs, j'ai cru m'être trompé, et j'ai recommencé mon travail ; mais les résultats de cette nouvelle analyse restant les mêmes, il ne m'a plus été possible de mettre en doute leur exactitude ; et je vais les exposer tels que la première me les avait donnés. C'est en ces termes que Pierre Charles Alexandre Louis (1787-1872), au début du premier chapitre de ses *Recherches sur les effets de la saignée dans quelques maladies inflammatoires, et sur l'action de l'émétique et de vésicatoires dans la pneumonie*, Paris, 1835, exprime sa surprise devant le résultat médiocre des saignées dans la pleuropneumonie, l'érysipèle de la face et l'angine gutturale (angine herpétique). Il conclut : *Il résulte des faits exposés dans ce chapitre, que la saignée n'a eu que peu d'influence sur la marche de ces maladies.* Il remarque que l'objection faite à la méthode numérique, c'est-à-dire la difficulté ou l'impossibilité de faire des groupes de faits identiques, est la même pour toutes les méthodes par lesquelles on la remplacerait. C'est précisément l'impossibilité d'évaluer chaque cas avec une précision mathématique qui justifie la nécessité de compter quand on traite différemment deux groupes de malades, le coefficient d'erreur pouvant être négligé sans nuire sensiblement à l'exactitude des résultats. La thérapeutique est embourbée dans l'erreur depuis des siècles et il est temps de substituer à l'empirisme la méthode numérique sans laquelle elle continuera de stagner. Cette recommandation, Louis la justifie en remarquant que tout praticien expérimenté applique cette méthode sans en être conscient en prescrivant à son malade le remède qui marche le mieux pour traiter sa maladie. Compter les faits groupés par analogie, ne pas se satisfaire d'appréciations subjectives : plus ou moins rare ou fréquent, ne pas reculer devant un nombre considérable de faits à la condition impérieuse de compter : *On parle sans cesse de l'expérience des siècles en médecine ; mais comment cette expérience peut-elle être une réalité, si ceux qui écrivent, au lieu de dire, j'ai souvent vu, j'ai rarement vu ; n'ont pas dit, j'ai vu tant et tant de fois ? ... Si donc il y a moyen de recueillir l'expérience des siècles en thérapeutique, ce ne peut être qu'en employant la méthode numérique.* Louis participe activement aux débats qui se déroulent à l'Académie de médecine en 1836 à propos de la statistique médicale. Il la définit ainsi : *La statistique médicale a pour objet la détermination aussi rigoureuse que possible des faits généraux.* Après avoir réfuté les argument de Dubois, de Double et de Piorry, il écrit : *J'avais à rechercher la valeur de l'analyse numérique appliquée à la médecine ; je crois avoir démontré par les faits son indispensable nécessité, et je termine, en remarquant que l'analyse numérique, qui ne peut rien qu'avec des faits nombreux et bien observés, doit à son tour avoir une grande influence sur la perfection de l'observation ; car, quand on se donne la peine d'analyser pour connaître, pour conclure rigoureusement des faits, la première condition à en exiger, c'est l'exactitude. Cette vérité ne sera plus contestée, je l'espère, par aucun des honorables membres qui me prêtent leur attention. Dès long-temps, j'ai tâché de la démontrer ; et si quelque chose a dû m'étonner dans ces débats, c'est de voir qu'on pouvait accuser les partisans de la statistique de se borner à aligner des chiffres, et de réduire la médecine à de simples additions, lorsqu'ils ont appelé de toutes leurs forces l'étude et la méditation sur tous les faits et sur tous les détails des faits.* En novembre 1841, Trousseau fera remarquer, dans son article du *Journal des connaissances médico-chirurgicales : M. Louis, qui a le premier appliqué avec rigueur le procédé statistique à l'étude de la médecine, n'a pu se tromper dans l'énoncé des faits bruts et dans l'indication de leur fréquence relative ; pas plus que dans le calcul statistique de la roulette ou de la loterie, le banquier ne se trompe dans l'énoncé de la fréquence relative de la sortie de telle couleur ou de tel numéro, dans une période d'années ; pas plus que M. Villermé ne s'est trompé en disant que tel âge de la vie est celui où il meurt le moins d'individus. Mais si, parce que la vie moyenne est de 32 ou de 36 ans, un homme tombait dans l'hypocondrie de la terreur lorsqu'il a atteint ce terme fatal, ou si un joueur s'obstinait à mettre sur la noire parce que, dans l'espace de dix ans, la chance a favorisé cette couleur, un peu plus souvent que l'autre, ne serait-on pas fondé à les croire fous ? Et pourtant, quand on veut fonder la thérapeutique sur des moyennes, on fait œuvre aussi folle et plus dangereuse que celle dont il était question tout à l'heure.*

Joseph Frédéric Bérard (1789-1828), titulaire, dès 1825, de la chaire d'hygiène à la Faculté de médecine de Montpellier, dans son *Discours sur les améliorations progressives de la santé publique par l'influence de la civilisation*, Paris, 1826, nous rappelle que la France était peuplée de 19 millions d'habitants en 1700 et que cette population avait augmenté d'un sixième en 1819 : 29.327.388 habitants. L'Angleterre, entre 1688 et 1822, avait vu sa population passer en 134 années, de 5.3000.000 à 12.340.000. La Norvège avait seulement 723.141 habitants en 1769, pour 897.000 en 1796. Aux Etats-Unis, la population double tous les 25 ans ! Elle est de 17.109.000 dont 3.794.000 d'amérindiens qui disposent d'un immense territoire. La mortalité diminue à mesure que progresse la civilisation : selon Heberden, à Londres, on compte 1 mort sur 25 en 1700 ; 1 sur 21 en 1750 ; 1

sur 35 en 1801. En Angleterre, en trente ans, la mortalité a diminué d'un quart. Toujours selon le même auteur, depuis 1800 il y a moins de morts que de naissances : dans les 50 premières années du XVIIIe siècle le rapport des morts aux naissances était de 3 à 2 ; dans la moitié suivante, il est devenu comme 5 est à 4. Bérard entend par vie probable, l'âge auquel parvient la moitié de ceux qui naissent. Il prend comme exemple la ville de Genève : *Dans le seizième siècle, la vie probable n'était que de 4,883, ou un peu moins de 4 ans 9/10. Dans le dix-septième siècle, elle était de 11,607, un peu plus de 11 ans ½. Dans le dix-huitième siècle, elle s'était accrue jusqu'à 27,183, environ 27 ans ½. Ainsi, dans l'espace de 300 ans seulement la vie probable de l'homme est devenue cinq fois plus grande. Il est donc évident que les hommes en masse sont devenus cinq fois plus vivaces et plus sains qu'ils ne l'étaient dans le seizième siècle ; et observez que, dans ce seizième siècle, il y avait déjà de grandes améliorations dans la Santé publique, comparativement à ce qu'elle devait être dans le quatorzième, et surtout dans les onzième et neuvième siècles, et dans des temps encore plus reculés.*

Alexandre J.-B. Parent-Duchâtelet (1790-1836) traite de l'assainissement des villes, de l'hygiène dans les hôpitaux gériatriques ou pour handicapés, des procédés pour lutter contre les gaz délétères, de l'assainissement de la Bièvre à Paris, de la gestion du réseau d'égouts, des effluents de certaines manufactures de traitement des fécules, de l'assainissement des salles d'autopsies, des exhumations et des inhumations, des émanations provenant de la décomposition des substances organiques, de l'équarrissage, des accidents à bord d'un navire d'engrais issus du traitement de vidanges (poudrette), de la dessiccation des chevaux morts, de l'enfouissement des animaux morts de maladie, des fosses d'aisance, des dangers des produits de distillation du charbon, des tripes de bœuf, des porcs nourris avec la chair de chevaux, sur les comptoirs en marbre ou en étain des bistrots, sur le rouissage du chanvre, sur les ouvriers travaillant dans les manufactures de tabac, sur les débardeurs exposés à l'eau froide aux membres inférieurs, sur les ulcères des membres inférieurs de nombreux artisans parisiens, sur le battage des tapis : *Hygiène publique ou mémoires sur les questions les plus importantes de l'hygiène ...*, Paris, 1836. Mais son chef d'œuvre, édité pour la première fois en

1836, restera *De la prostitution dans la ville de Paris, considérée sous le rapport de l'hygiène publique, de la morale et de l'administration ouvrage appuyé de documents statistiques ...*, Paris, 1836. Une troisième édition paraîtra en 1857 complétée par un supplément sur la prostitution dans les principales villes d'Europe. Dans son introduction, Parent-Duchâtelet précise : ... *j'ai fait les plus grands efforts pour arriver à des résultats numériques ... que veut dire en effet le mot beaucoup dans les cas dont nous parlons ? ... Toute assertion de cette nature ne peut avoir de valeur sans les chiffres qui seuls permettent la comparaison ... cette méthode, que j'appellerais statistique, appliquée depuis quelques temps à la médecine, lui a donné sur plusieurs points un degré de certitude qui nous fait prédire qu'elle sera, avant peu, généralement adoptée.* On apprend qu'en 1831, à Paris, on dénombre 3517 prostituées. Parent-Duchâtelet classe parmi les causes déterminantes qui ont motivé le choix de se prostituer, la paresse, la misère, la vanité, l'abandon par un séducteur, des parents décédés ou indignes ... On y trouve cet étrange inventaire de la coloration des chevelures et des iris chez les pensionnaires des maisons closes, repris par Romi en 1952 dans son célèbre ouvrage sur ces lieux de perdition : cheveux châtains 534 sur 1000 ; bruns : 210 sur 1000 ; blonds : 134 sur 1000 ; noirs : 118 sur 1000 et roux, 4 sur 1000. Quant à la couleur des yeux, elle se répartit ainsi : gris, 370 sur 1000 ; bruns, 283 sur 1000 ; bleus, 231 sur 1000 ; roux : 59 sur 1000 et noirs, 57 sur 1000 !

Léonard-Fulcrand Gasté (1791-1846), médecin militaire, professeur de pathologie interne à Metz, s'oppose à Risueno d'Amador et publie en 1838, *Du calcul appliqué à la médecine comme complément de la théorie, des faits et des raisonnements sur lesquels doivent être fondées la pathologie, la thérapeutique et la clinique.* L'ouvrage comporte trois parties, la première est consacrée à la contestation des thèses soutenues par d'Amador, la seconde expose les conceptions de l'auteur sur les applications de la statistique en pathologie et en thérapeutique, la troisième ou supplément, est un plaidoyer pour le solidisme. L'auteur, après avoir dépeint les différentes doctrines qui règnent ou ont régné sur la médecine, écrit avec pertinence : *Le calcul des probabilités dans son application pratique est donc seul capable de mettre un terme à l'anarchie qui règne dans l'enseignement et dans l'exercice de la médecine, de faire cesser la déplorable confusion de ses principes.*

Pierre F.O. Rayer (1793-1867) est un des plus importants contributeurs à l'introduction du calcul statistique en médecine. Il utilise l'outil statistique dans son *Histoire de l'épidémie de suette miliaire qui a régnée, en 1821, dans les départements de l'Oise et de Seine-et-Oise ...,* Paris, 1822. Ses Considérations sur la statistique et l'état sanitaire du département de l'Oise décrivent la topographie, la géologie, la végétation, les animaux et la démographie de la région : on note un très intéressant tableau des maladies et des difformités : perte des doigts : 23 ; des dents : 127 ; des membres ou d'autres organes : 127 ; les sourds-muets : 9 ; les goitres : 21 ; les claudications : 24 ; les diverses autres difformités : 63 ; les maladies des os : 9 ; la myopie : 30 ; les autres maladies oculaires : 75 ; la teigne : 35 ; la lèpre : 3 ; les autres affections cutanées : 11 ; les scrofules : 47 ; les maladies de poitrine : 43 ; la hernie : 106 ; l'épilepsie : 28 ; les autres maladies que les précédentes : 152 ; la faiblesse de constitution : 168 ; le défaut de taille : 269. Ces deux derniers points relèvent certainement de carences nutritionnelles. On note également la fréquence de la tuberculose. Les épidémies de peste (3), de suette (5), de fièvre muqueuse (3), de dysenterie ((2), de variole (1), de scarlatine (2), de péripneumonie (1), de fièvres malignes, bilieuses, putrides (1 de chaque), sont répertoriées de 1623 à 1821. La seule affection endémique dans l'Oise, c'est la suette miliaire, que certains praticiens attribuent aux lieux humides et très ombragés. Aucun âge n'est épargné, du nouveau-né au vieillard ; on trouve le plus grand nombre de malades dans la 24e année, puis à 30, 36 et 40 ans. La mortalité la plus importante correspond à 32, 24 et 26 ans. Il mourrait 17 femmes pour 16 hommes. D'après Rayer, la maladie immunisait le malade qui en guérissait. Il souligne l'insalubrité des logis des malades et parfois des localités qu'ils habitaient. Il pense que la maladie est véhiculée par un miasme. Il recommande les fumigations de chlore, de vinaigre, de plantes aromatiques et surtout une grande propreté des sous-vêtements et de la literie. Il arrive à cette conclusion : *La mortalité des communes infectées dans le département de l'Oise, s'est élevée en 1821 à 574 individus. Comparé à celui des années précédentes, et eu égard à l'augmentation progressive de la population, et nécessairement de la mortalité, ce résultat prouve que malgré l'épidémie, la mortalité n'a pas dépassé les bornes qu'elle aurait dû atteindre, en supposant que l'année 1821 eût été soumise aux mêmes influences que les années précédentes. Les conditions particulières auxquelles est dû le développement d'une épidémie et qui précèdent son apparition, l'existence de l'épidémie elle-même, les conditions sanitaires qui la suivent, sont-elles de nature à prévenir les maladies mortelles ou leur terminaison par la mort ? Sous le rapport de la population, ou plutôt sous celui de la mortalité annuelle, les années frappées d'épidémie ne diffèrent-elles des années ordinaires qu'en ce que la mortalité n'est pas répartie avec la même uniformité entre les mois et les différents jours de l'année ? Sans doute, il est des épidémies désastreuses qui ont pour ainsi dire dépeuplé momentanément des points du globe ; mais je reste persuadé qu'une étude suivie d'un grand nombre d'épidémies, sur le rapport de leur influence sur la mortalité annuelle, démontrerait des vérités tristes sans doute, mais toujours utiles à connaître. Dans deux périodes égales de temps, étudiées comparativement, le mouvement de la mortalité peut se ralentir ou s'accélérer à diverses époques, dans chacune d'elles, sans modifier les résultats généraux, presque toujours uniformes.*

Voici la réponse qu'il fait à François-Joseph Double (1776-1842), hostile à la méthode, texte publié dans les Bulletins de l'Académie de médecine : *La statistique médicale s'est créée sous nos yeux avec l'analyse des masses, jusque-là confuses, des éléments spéciaux et caractérisés. Là était la première difficulté à vaincre ; là était une première condition sans laquelle elle ne pouvait exister.* En 1836, dans le *Bulletin de l'Académie Royale de médecine* dont c'est le premier numéro, Rayer résume bien la querelle entre les partisans d'une statistique purement descriptive et une statistique mathématique : *Bannir le calcul de certaines questions d'anatomie et de physiologie est une chose impossible. Ce n'est qu'avec cet instrument qu'on peut reconnaître les poids, la taille, la mortalité dans l'espèce humaine. Nul n'en doute ici. Ce que l'on conteste, c'est que ce même instrument ait des applications dans la pathologie et on les conteste parce que les adversaires de la statistique médicale nient la possibilité de réduire les observations de pathologie en éléments de calcul*

Morgagni a dit : Neque enim numerandae sunt observationes, sed perpendae. Si, expliquant plus complètement sa pensée, le célèbre médecin italien eût dit que les observations devaient d'abord être pesées, puis comptées, il eut porté d'avance un très juste jugement sur la question qui occupe en ce moment l'Académie, car ce serait placer la saine expérience dans tout son droit, et la statistique médicale dans sa véritable limite. Peser les observations, c'est-à-dire en déterminer avec toute l'exactitude possible les conditions particulières, c'est les rendre comparables, c'est en faire des unités, c'est donner entrée à l'application du calcul. Car, Messieurs, le calcul, en quoi que ce soit, n'est possible qu'autant qu'il a à sa disposition des quantités de même nature. Si on additionne des choses différentes, et, pour me tenir dans mon sujet, des observations qui ne soient pas analogues, la somme à laquelle on croira être parvenu ne sera rien ou quelque chose de pis, et la conclusion tirée sera aussi vaine que mensongère. Une première réflexion se présente. Comment se fait-il que la statistique médicale n'ait pas été employée par les anciens médecins, et qu'elle soit le produit récent de notre époque ? La raison en est, je n'hésite pas à le dire, dans l'insuffisance du diagnostic de nos prédécesseurs. Les anciens n'ont pas compté, il est vrai ; mais eussent-ils compté, le résultat obtenu par eux n'eût pas beaucoup mieux valu sur certaines questions que les approximations qu'ils nous ont transmises. En effet, sur quoi les calculs auraient-ils porté ? non pas sur des unités, non pas sur des cas bien déterminés, non pas sur des observations analogues, mais sur les choses les plus dissemblables rassemblées sous le même nom. Rayer résume son opinion en sept points : 1° le calcul en médecine appartient à la méthode expérimentale, 2° la méthode numérique fournit le nombre de faits observés, 3° les calculs imprécis des anciens réalisés avec des unités vraies, bien déterminées, ont permis des préceptes thérapeutiques jamais contestés, 4° les calculs approximatifs exécutés avec des unités mal déterminées se sont révélés illusoires, 5° le progrès en thérapeutique dépend de la précision du diagnostic et du remplacement par le calcul rigoureux du calcul approximatif, 6° la méthode numérique pour opérer avec sécurité doit transformer les unités nosologiques en d'autres unités que Rayer nomme thérapeutiques, 7° l'application des statistiques à la pathologie et à la thérapeutique représente un progrès qui doit tendre à se perfectionner.

Bénigne-Jean-Joseph-Isidore Risueno d'Amador (1802-1849), de Montpellier, s'oppose à lui et publie son *Mémoire sur le calcul des probabilités appliqué à la médecine*, Paris, 1837. Ses conclusions sont très défavorables : le calcul de probabilité se caractérise par une absence de fiabilité, un caractère anti-scientifique quand on l'applique à la médecine, surtout à la thérapeutique, une absence de prédictivité, la quantité ne préjugeant jamais de la qualité, une infériorité vis-à-vis de l'induction qui, depuis 2000 ans a fait la preuve de sa supériorité : l'arithmétique ne saurait se substituer à la logique ! Risueno convient que les conclusions recueillies par les statistiques étant provisoires et souvent rejetées par les propres adeptes de la méthode, elles ne flattent que les esprits médiocres et faussent l'observation et ses résultats. En résumé, que la méthode numérique est *inutile, puisque tout s'est fait sans elle ; dangereuse, puisqu'elle bouleverse la science.*

En 1836, dans le *Bulletin de l'Académie royale de médecine*, on retrouve le clivage entre les opposants à la méthode numérique et ses partisans. Parmi les académiciens les plus hostiles, nous l'avons vu, on trouve Cruveilhier, Piorry, Dubois, Double et Martin-Solon. Sans compter le montpelliérain, Risueno d'Amador.

Jean Cruveilhier (1791-1874) est catégorique : *En théorie la statistique appliquée à la médecine peut paraître excellente, mais en fait, une bonne statistique médicale est impossible, au moins quant aux questions les plus importantes, les questions de diagnostic et surtout les questions de thérapeutique ... Non, messieurs, la médecine n'est point une science et à compas, mais bien une science d'observation et d'expériences. Les préceptes et les faits de l'art ne sauraient être renfermés dans l'inflexibilité des nombres ... mais, je le dis bien nettement, je n'aime pas les chiffres en médecine, et je ne les aime pas parce qu'ils ne vont pas à la médecine, et la preuve qu'ils ne sont pas bons, c'est qu'ils ne conduisent qu'à des résultats négatifs ; c'est que chaque observateur a sa statistique à son usage et prise fort peu celle de son voisin ; c'est que vous voyez la statistique invoquée pour soutenir les doctrines les plus opposées ; c'est que l'un dit blanc, l'autre dit noir.*

Pierre Adolphe Piorry (1794-1879) cite quelques observations personnelles qui, selon lui, illustrent *l'impossibilité de la statistique. Le premier groupe comprend sept malades atteints de colique de plomb ; car il prendra à dessein les exemples cités par M. Louis. Aucun de ces malades ne présentait les mêmes symptômes : l'un avait des accidents cérébraux, l'autre avait des signes d'une irritation intestinale, un autre portait un engorgement de la rate, etc. Les indications étaient donc différentes, et, en effet, on a varié le traitement et tous les malades ont guéri en moins de six jours.* Il cite 8 fièvres intermittentes, 10 typhoïdes, 8 pneumonies, 12 érysipèles pour illustrer l'inapplicabilité de la statistique : les cas étant différents, il faut varier la thérapeutique.

Laissons la parole à Frédéric Dubois d'Amiens (1797-1873) : *Maintenant, dit-il, nous allons passer à une question plus importante, puisque l'humanité y est directement intéressée ; c'est-à-dire à la question thérapeutique. Avant tout, rappelons ce que nous avons déjà dit, que ce n'est pas contre la simple méthode de numération que nous voulons nous élever, mais bien contre cette prétention de tirer des conclusions rigoureuses et absolues de calculs rigoureux et absolus eux-mêmes ... Ici se borne, messieurs, ce que nous avons à dire sur la statistique. C'est un instrument de haute investigation dans certaines sciences ; mais en médecine, les résultats, comme on vient de le voir, sont loin de répondre à ce que l'on attendait. Toutefois, on ne peut qu'applaudir au zèle de ceux qui ont tenté ces nouvelles routes ; car, après tout, ils n'ont pas entendu s'éloigner de la méthode expérimentale, et cette voie les empêchera de nous égarer.*

François Joseph Double exprime son scepticisme à propos de l'application de la statistique à la médecine : *Ce qu'on appelle en géométrie la loi universelle des grands nombres domine tout le calcul des probabilités et en constitue la base indispensable. Une des conditions de cette loi des grands nombres, c'est que les causes des évènemens qu'on calcule, les unes constantes, les autres variables, tantôt dans un sens et tantôt dans un autre, n'aient cependant point une variation progressive dans aucun sens. L'un des résultats de cette loi des grands nombres, c'est de faire disparaître dans le quotient toutes les différences, toutes les irrégularités, lesquelles se balancent les unes par les autres, de manière à se sauver, comme on le dit, par la quantité. C'est ainsi que se calculent les résultats moyens des bénéfices des loteries, de la ferme des jeux, des assurances maritimes, de la probabilité des jugemens en matière criminelle ou en général des décisions rendues à la pluralité des voix. Or rien de tout cela n'est applicable à la médecine ... nous ne pouvons point nous sauver sur la quantité et chacun de nos problèmes n'embrasse qu'un seul individu. Ajoutons que les maladies ont pour caractère dominant cette variation progressive à l'infini des évènemens et de leurs causes ...* Double en tire trois conclusions : 1° *L'individualité constitue en pathologie une vérité immuable : une maladie n'est point un être simple, fixe, invariable ; c'est une série d'actes divers, mobiles, changeants ; par conséquent toute théorie exclusive est un non-sens de pathologie, et toute méthode absolue un contre-sens de thérapeutique. 2° Les méthodes de la statistique, le calcul numérique, nécessairement passible d'un grand nombre d'erreurs, ne sont nullement applicables à la thérapeutique. 3° Les seules méthodes admissibles en matière de médecine appliquée sont l'analyse logique et l'induction.*

Fernand Martin-Solon (1794-1856), titulaire de la chaire de matière médicale et de thérapeutique en 1839, exprime son scepticisme vis-à-vis des statistiques : *Je connais trop bien la valeur numérique de faits soigneusement observés pour la contester jamais. Ne sont-ce pas les résultats numériques de la pratique médicale du Val-de-Grâce qui ont porté les premiers coups à la doctrine physiologique et qui nous ont fait voir tout ce qu'elle avait d'exagéré ? il y aurait de l'ingratitude de notre part à ne pas reconnaître ce service. Mais, quelqu'important qu'il soit, il ne l'est pas assez pour que nous nous laissions imposer un nouveau joug, celui de l'arithmétique. Toute la discussion actuellement pendante devant vous, consiste à savoir si les paroles de Morgagni, « non numerandae sed perpendendae sunt observationes », demeurent encore vraies. La valeur des observations a-t-elle plus d'importance que leur nombre ? Voilà toute la question.* Après avoir soutenu Risueno d'Amador et mis en doute le travail de Louis, Martin-Solon exprime des doutes : *La méthode numérique est donc loin de présenter la certitude qu'on veut lui attribuer. Ses assertions, quelqu'entourées qu'elles soient de chiffres, méritent examen tout comme celles des observateurs. Les déductions que l'on en tire ne sont pas toujours identiques ; car nos honorables collègues MM. Bouillaud et Louis sont loin d'avoir la même opinion sur le traitement de la pneumonie ... La méthode numérique n'est qu'un instrument dont on exagère l'importance ... Cet instrument, manié avec précaution, est, sans contredit utile pour établir des données générales en pathologie et même en thérapeutique. On doit s'en servir avec la plus grande réserve, lorsqu'il s'agit d'appliquer ses résultats aux cas particuliers.*

Louis Castel (1770-1852) est un farouche adversaire de la méthode numérique. Entré en 1825 à l'Académie de médecine, *son attitude était celle d'un docteur régent de la vieille Faculté qui, tout imbu des doctrines des siècles passés se serait trouvé, nouvel Epiménide, jeté, après un long sommeil, au milieu du mouvement de rénovation accompli de nos jours* nous apprend sa notice biographique dans le Dechambre, en 1877. Toujours est-il que, retranché dans une physiologie spéculative, il éprouvait pour la méthode expérimentale une profonde aversion et lui opposait le savoir des anciens, aidé par sa verve sarcastique et néanmoins toujours courtoise. À l'évidence, les statistiques ne pouvaient lui convenir et il le fit sentir à Guéneau de Mussy.

En revanche on se bouscule, parmi les adeptes et les zélateurs de la méthode numérique. On y trouve donc François Guéneau de Mussy. Auguste François Chomel, Jean-Baptiste Bouillaud, Lepelletier de la Sarthe, Gabriel Andral, Casimir Broussais et son père, Jules Gavarret, Jacques André Rochoux, Charles Adolphe Maher, Guillard, Louis et Jacques Bertillon.

François Guéneau de Mussy (1774-1853) résume ainsi son long exposé : *1° La méthode numérique peut et doit être appliquée à la thérapeutique, comme à toutes les sciences d'observation. Elle fait partie de la méthode inductive, seule applicable à ces sciences, qui a nécessairement son point de départ dans des faits bien observés et comptés. 2° Les moyennes qu'on en déduit ne sont rigoureusement applicables qu'aux séries de faits qui les ont fournis ; elles peuvent cependant être appliquées avec plus ou moins de probabilité à de nouvelles séries de faits semblables ; surtout lorsque ceux-ci sont simples ou peu complexes, comme lorsqu'il s'agit de constater l'effet immédiat, ou la vertu spécifique d'un médicament. 3° A mesure que les faits deviennent plus complexes, et par conséquent plus éloignés d'être identiques, les résultats de la méthode numérique perdent de leur valeur. Ils en perdent également par toutes les circonstances qui peuvent faire douter de la constance et de l'uniformité des lois qui régissent ces faits. 4° Dans tous les cas, ils ne peuvent être reçus que comme des renseignements utiles, autorisant des conjonctures plus ou moins fondées, jamais comme établissant des principes assurés de conduite, jamais comme pouvant dispenser d'un examen attentif et spécial pour chacun des nouveaux faits qui se présentent. 5° Une des circonstances les plus propres à fausser les résultats de la méthode numérique et à les rendre inapplicables, c'est d'assujettir « a priori » l'expérimentation à des conditions arbitraires, en contradiction avec les faits eux-mêmes. Telle serait la prétention de soumettre à un même traitement tous les cas d'une maladie très complexe et très variée dans ses formes.* Il s'attire les remarques faussement affables et sincèrement ironiques de Castel, dont nous avons vu qu'il appartenait au clan opposé : *J'aurais besoin d'employer les ménagemens les plus délicats et tout l'artifice des circonlocutions, pour dire ma pensée sur la question qui nous occupe, sans être accusé d'insulter à ces disgrâces : attaquée de front par ses antagonistes, elle a reçu les coups de ses alliés, qui l'ont imprudemment frappée avec les mêmes armes qu'ils avaient disposées pour la défendre* … Il achève ainsi sa diatribe : *La méthode numérique est une mutilation de la statistique médicale … Isolée de l'observation, la méthode numérique est impuissante ou transposée. Associée à l'observation, elle n'en est que l'agent subalterne et souvent infidèle.*

Issu d'une lignée médicale vieille de deux siècles, Auguste François Chomel (1788-1858) s'emploie à réfuter les arguments de son collègue François Joseph Double. Il lui reproche une position qui pourrait faire croire qu'il est dangereux et irrationnel de compter en médecine et d'en tirer les conséquences. L'étude des maladies implique l'analyse et la comparaison des faits. Comment refuser les conséquences numériques qui en résultent ? Si la fréquence relative de telle étiologie, de telle symptomatologie, de telle évolution, ne peut pas être comptée, il faut renoncer à toute évaluation de faits qui, évidemment, auront été bien observés. Ce travail achevé, il faut créer des groupes par ressemblance et n'additionner que ceux qui présentent les plus grandes analogies. *Ce travail achevé*, précise Chomel, *il restera à appliquer les résultats à la connaissance de la maladie à laquelle ils se rapportent. On comprend que ces résultats seront très différents, quant à leur importance, à raison de l'élévation relative des nombres dans les diverses colonnes du tableau. Telle condition, par exemple, qui se sera présentée dans tous les cas, sera d'une grande valeur ; telle autre qui ne sera montrée que dans la moitié, que dans le tiers des cas, aura une importance beaucoup moindre ; si pendant plusieurs années consécutives les tableaux fournissent, comme nous l'avons le plus souvent, des résultats qui confirment les premiers, ces résultats acquièrent une nouvelle valeur ; ils en perdraient successivement dans la même proportion s'ils étaient infirmés par les faits ultérieurs. Nous le demandons à tous les hommes de bonne foi : est-il possible que ces recherches, convenablement poursuivies par des observateurs exacts, ne conduisent pas à une connaissance plus sûre et plus approfondie des maladies ?*

Le 26 mars 1832, le choléra éclate à Paris. Il tuera Casimir Perier, figure de l'opposition libérale sous la Restauration. Jean-Baptiste Bouillaud (1796-1881) en tirera son *Traité pratique, théorique et statistique du choléra morbus de Paris appuyé sur un grand nombre d'observations recueillies à l'hôpital de la Pitié.* Il adopte la méthode statistique. Sur 102 malades, 62 hommes, 40 femmes, admis dans son service, il en est mort 50, 37 hommes et 13 femmes. Ont guéri : 52 malades, 25 hommes, 27 femmes. On consulte avec intérêt le tableau des résultats thérapeutiques publiés par Laurent B. Biett (1781-1840) :

Traitement du choléra	**Malades**	**Morts**	**Guéris**
Charbon	99	48	51
Antiphlogistiques	35	11	24
Opium	50	22	28
Bismuth	41	19	22
Hydrochlorate de soude	10	2	8
Ipécacuanha	7	5	2
Non traité	7	7	0

L'*Essai sur la philosophie médicale et les généralités de la clinique médicale,* Paris, 1836, offre à Bouillaud l'occasion de combattre les conclusions de Louis concernant l'inefficacité des saignées dans la pleuropneumonie, l'érysipèle de la face et l'angine. Il affirme que les saignées coup sur coup dans la typhoïde ont fait chuter la mortalité à 1/8ème alors que Chomel et Louis perdaient 1/3 de leurs malades. Bouillaud prétend que par ces chiffres sa méthode des émissions sanguines *a diminué le chiffre de la mortalité de la maladie dite fièvre typhoïde, à peu près dans la même proportion que celui de la pleuro-pulmonie.* Il s'exprime ainsi à propos du problème que pose l'application à la médecine de ce qu'il y a de plus précis et de plus clair, le calcul *: Il suffit de considérer qu'il y a des problèmes de nombre et de quantité en médecine, pour reconnaître du premier abord que sans l'emploi des chiffres et du calcul, on ne pourrait résoudre ces problèmes d'une manière complètement satisfaisante. Comment savoir la durée des maladies et de leurs diverses périodes, si l'on ne compte ? Comment déterminer la mortalité absolue ou relative dans les maladies, si l'on ne compte ? Comment savoir la quantité des médicaments qu'on administre dans un temps donné, si l'on ne compte ? Comment apprécier rigoureusement et formuler les saignées elles-mêmes, sans le secours des chiffres et du calcul ? Pour connaître exactement le nombre des pulsations artérielles, des inspirations, le degré de la température du corps, etc., etc., il faut compter et chiffrer.* A propos de l'application des statistiques à la thérapeutique, il cite ce passage de *l'Essai philosophique sur le calcul des probabilités*, 1814, de Laplace : *Pour reconnaître le meilleur des traitements en usage dans la guérison d'une maladie, il suffit d'éprouver chacun d'eux sur un même nombre de malades, en rendant toutes les circonstances parfaitement semblables. La supériorité du traitement le plus avantageux se manifestera de plus en plus, à mesure que le nombre s'accroîtra, et le calcul fera connaître la probabilité correspondante de son avantage et du rapport suivant lequel il est supérieur aux autres.* Un an après la parution de son exposé dans le *Bulletin de l'Académie royale de médecine* et la publication de son *Essai*, Bouillaud édite les trois volumes de sa *Clinique Médicale de l'Hôpital de la Charité ou exposé statistique des diverses maladies traitées à la clinique de cet hôpital.* Dans la préface, il glorifie certes la méthode numérique mais à son profit toujours persuadé que la saignée est la panacée : *Nous apportons le soin le plus scrupuleux à bien distinguer, à bien classer, à bien catégoriser les cas avant de les soumettre à l'analyse statistique, cet éclatant flambeau de la médecine comme de tant d'autres sciences ...*

Élu adjoint correspondant pour la section de médecine en 1825, Almire, René, Jacques Lepelletier de la Sarthe (1790-1880) obtient des académiciens l'autorisation de s'exprimer sur ce sujet vital qu'est l'introduction de la statistique en médecine. Partisan de cette méthode, il entreprend de la défendre et présente sept propositions : le calcul en médecine appartient à la science expérimentale ; la statistique est indispensable pour confirmer les résultats de l'observation de façon précise et positive ; l'induction stricte issue des faits est irréalisable sans comptage et classement ; cette induction est d'autant plus valide que le calcul et le classement des faits est plus précis et mieux délimité ; la certitude absolue n'appartient pas au domaine de la statistique qui doit impérativement se cantonner dans celui des approximations et des probabilités ; la statistique n'a pas la prétention de remplacer le diagnostic et le traitement des pathologies mais seulement de diriger et d'éclairer les recherches qui leur servent de base ; c'est fausser le calcul statistique que de l'obliger à ne tenir compte que des faits antérieurs sans se pencher sur les conditions spécifiques du fait immédiatement soumis à l'expérience ; les notions énumérées ci-dessus promettent un bel avenir à la statistique médicale. On ne saurait contredire Lepelletier sur ce point !

Les faits pris comme unité font redouter à Gabriel Andral (1797-1876) qu'on ne dispose pas toujours d'un diagnostic bien précis ou d'un nombre de faits suffisant pour établir un critérium fiable. Néanmoins, dans cet article de la *Gazette des médecins praticiens* de 1839, non seulement il défend Louis mais il admet l'utilité en médecine de la méthode numérique. Le maître de Gavarret est à la fois objectif et précis, et exprime son point de vue avec beaucoup de prudence et de modération : *L'expérience est le résultat auquel on arrive par l'accumulation de beaucoup de faits de même nature souvent rencontrés et observés. Pour que la répétition d'un fait ait de la valeur, il faut que les faits répétés soient semblables ; si cette condition manque, ils auront beau se répéter, on ne pourra les comparer entre eux. Les faits que l'on croit semblables diffèrent souvent sur un grand nombre de points ; en un mot, plus les faits sont simples, plus on peut les compter. C'est dans ces cas que la méthode qui consiste à compter les faits, que la méthode numérique, a une grande portée. Plus ces faits sont composés, plus ils sont compliqués, moins ils sont comparables, et alors il devient impossible de placer les unes à côté des autres des unités qui finissent par ne plus avoir rien de commun. Il faut alors faire ce qu'a fait M. Louis, c'est à dire procéder à l'analyse des faits. J'ai besoin de dire ici que, dans quelques écrits, on a prêté à M. Louis une manière de faire qui n'est pas la sienne On a dit qu'il se contentait de placer les faits à côté les uns des autres, et de les additionner. Non, assurément M. Louis n'a pas borné là ses investigations et ses conseils ; il recommande expressément l'analyse des faits dont il a donné des exemples dans ses précieux travaux. Donc quant aux faits composés, ce n'est pas seulement à la méthode numérique qu'il faut s'arrêter, il faut surtout chercher à séparer les diverses circonstances des faits composés. Certaines personnes établissent que l'on peut toujours isoler les différentes circonstances d'un fait, et que tous les faits, de quelque nature qu'ils soient, peuvent être comptés ; mais c'est là le nœud de la question. J'établis qu'il y a des faits qui, au moyen de l'analyse peuvent être comparés, et qui, par conséquent, peuvent être comptés, de manière que l'on arrive à des résultats acceptables pour la science. Mais, à côté de ces faits, il en est d'autres qui, en l'état actuel de nos connaissances, présentent une telle complication, que leurs circonstances variables, mobiles, fugitives, délicates, ne sont plus semblables. De chacun de ces faits que l'on observe, on ne peut plus comparer ni compter. On met en regard des faits discordants, et on arrive à des résultats déplorables. Mais, dira-t-on, au milieu des circonstances mobiles, changeantes d'un fait, n'y en a-t-il pas de constantes ? Si on recueille énormément de faits, les circonstances changeantes deviennent accessoires, les principales restent les mêmes. Oui, alors la méthode numérique peut rendre des services ; mais à la condition de compter par centaines, par milliers de faits. Quand on a voulu appliquer la méthode numérique à des faits trop compliqués, on est arrivé qu'à de mauvais résultats. Mais les cas où il faut peser et compter les causes extérieures des maladies, les considérations d'âge, de sexe ; quelques symptômes dont on peut faire ressortir l'importance, le mode de développement, la prédominance, l'existence constante ou variable, la durée, les lésions anatomiques sous les rapports du siège, de l'étendue, du développement, voilà une très belle part pour la méthode qui consiste à compter les faits en les analysant. Mais là s'arrête ce qu'a fait et ce que peut faire la méthode numérique. Son application à la thérapeutique ne peut être admise qu'à la condition de résoudre la difficulté de tout à l'heure, c'est-à-dire qu'au milieu des circonstances changeantes, il y a des circonstances constantes ...* Andral souligne ensuite l'importance de l'observateur : s'il est médiocre, il vaut mieux qu'il ne se mêle pas de la méthode numérique et reste cantonné aux méthodes où l'on ne compte pas ! Il sera infiniment moins dangereux. (De la méthode numérique ; quelles conditions elle exige ; dans quel cas elle est utile ; De la minorité des faits et ce qu'il en faut faire -De la moralité de l'observateur- Faut-il publier tous les faits observés, *Gazette des médecins praticiens,* **I**, n° 48, 15 décembre 1839).

Armand Trousseau (1801-1867) est également partagé entre la reconnaissance de l'utilité de la méthode numérique et sa nocivité. Il a des mots très durs pour qualifier les statistiques et interpelle ainsi ses étudiants : *Je ne reproche pas à la méthode numérique de compter, car on ne peut systématiser sans compter ; mais je lui reproche de trop compter, de compter trop longtemps, de compter toujours, de ne pas vouloir mettre son esprit dans les choses ... Et n'imaginez pas, Messieurs, que cette exactitude mathématique existe réellement : elle n'est que relative car elle change sous l'observation du même homme, suivant l'année, suivant la saison, suivant la constitution médicale. De sorte que le même fait qui, l'an dernier, s'observait une fois sur 5, cette année n'existe plus qu'une fois sur 10 ; l'an prochain, peut-être, il n'arrivera qu'une fois sur 20 : de sorte que votre loi, votre vérité vraie n'est pas absolue et ne peut l'être ; et si le pathologiste cherche à formuler les faits que vingt partisans de la méthode numérique ont donné chacun comme l'expression extrême de l'exactitude, il en est réduit ou à prendre une moyenne qui ne sera plus vraie demain, ou à recourir à ces odieuses et détestables formules que l'on voulait bannir du langage médical : quelquefois, souvent, le plus souvent, généralement ... Si la statistique appliquée à la médecine n'élevait pas trop ses prétentions, si elle se considérait non comme la clef de voûte de toute science mais comme un procédé un peu moins imparfait que la plupart de ceux qu'on suivait jusqu'ici, je ne songerais qu'à la louer, qu'à la présenter à votre choix, parce que réellement je la crois utile ; mais elle fait tant de bruit pour de si pauvres résultats qu'on ne peut, en conscience, l'aider à tromper la jeunesse par une sorte de charlatanisme d'exactitude et de vérité. Clinique Médicale de l'Hôtel Dieu,* Introduction, Paris, 1861. Cette méfiance, pour ne pas dire cette aversion vis-à-vis de la méthode numérique, ne date pas d'hier chez Trousseau. Déjà, en novembre 1841, dans le *Journal des connaissances médico chirurgicales*, dans une lettre adressée à son vieux maître Bretonneau, il écrivait : *Quand il s'agit de juger matériellement une question de fréquence et d'en étudier les limites, les chiffres seuls sont utiles et la statistique est bien suffisante ... Je conviens encore que la statistique n'apprend jamais rien dans l'espèce, et que des moyennes sont essentiellement peu applicables dans la pratique. Mais enfin, ces relevés statistiques donnent des notions générales et fixent l'esprit sur certains détails, sur certains faits que les esprits supérieurs saisissent très bien sans la statistique, mais que nous autres, «vulgaires», nous n'apercevrions peut-être pas. Nous autres donc qui faisons de la statistique, nous sommes et ne devons être que les manœuvres extrayant le marbre de la carrière, le taillant et le polissant quelquefois ; à d'autres il appartient d'en assembler les fragments épars et d'en construire un édifice où seuls ils auront le droit d'inscrire leur nom, qu'ils transmettront à la postérité ... Je vais donc faire encore de la statistique et si le travail que j'ai entrepris a été pénible et long, il n'en sera ni plus brillant ni plus fécond.*

En 1840, dans sa thèse de concours pour un poste de pathologie interne, *De la statistique appliquée à la pathologie et à la thérapeutique*, Casimir Broussais (1803-1847), le fils de François, fait remonter l'emploi de l'outil statistique à Hippocrate. Inspiré peut-être par Pythagore ... Il cite Sanctorius, Morgagni, Pringle puis Formey à propos de topographie médicale, à Berlin, en 1796. Il rappelle les travaux de Desgouttières sur le mont Cenis, rédigés en 1798, ceux de Rayer sur l'épidémie de suette miliaire en 1821. Enfin, les travaux de Louis, notamment sur la saignée, qui firent avaler son chapeau à Broussais père ! Mais une communication de Gabriel Andral sur le traitement de la typhoïde relance la contestation avec, dans le camp des adversaires de la méthode statistique : Risueno d'Amador, Dubois d'Amiens, Piorry, Double, Martin-Solon, Castel et, dans celui des partisans : Rochoux, Bouillaud, Chomel, Louis, Guéneau de Mussy, Rayer.

Broussais fils pose la question suivante, et elle reste encore pertinente : *Serait-il possible que la statistique s'arrêtât précisément sur le seuil de la médecine ? Qu'elle fût applicable à la durée de la vie, non à celle des maladies ? Qu'elle fût utile à l'homme en santé, inutile à l'homme malade ? Qu'elle fût bonne enfin à calculer les chances de vie et de mort de la population dans toutes les conditions sociales, et inhabile à calculer les chances de vie et de mort de la population des hôpitaux ?*

L'illustre père de Casimir, François Joseph Victor Broussais (1782-1838), soutient une étrange théorie sur les statistiques puisqu'il n'hésite pas à affirmer qu'il y a deux manières de s'en servir, sans chiffre ou avec des chiffres ! La première façon fut la démarche de Sydenham et de bien d'autres qui, dans le passé, par leur seul génie ont fait progresser la science. Ensuite sont venus les calculateurs. Mais les chiffres n'ont fait que confirmer ce que les grandes intelligences avaient déjà découvert. La rapidité de leurs déductions surclassait le moyen lent du calcul. Néanmoins Broussais père concède *que ces hommes qui font avancer les sciences et qui paraissent de temps en temps dans les siècles soient soumis à la censure des calculateurs. S'ils y succombent, ce sont de faux génies. Mais, pour devenir leurs juges, il faut suivre certaines règles, il faut avoir soi-même quelque génie, de la bonne foi surtout, et appliquer le calcul à tous les éléments de la question.* (*Cours de pathologie et de thérapeutique générale,* Paris, 1834, **1**, 395-396).

Gavarret contre Risueno et Double. Civiale, Valleix

En 1840, Jules Gavarret (1809-1890) publie ses *Principes généraux de statistique médicale ou développement des règles qui doivent présider à son emploi.* Le livre est dédié à Gabriel Andral avec cette belle dédicace : *Près de vous j'ai appris la véritable marche à suivre dans l'étude de la médecine. Votre généreuse bienveillance a ouvert devant moi un vaste champ d'observation. En me permettant d'inscrire votre nom en tête de ce travail, vous avez acquis de nouveaux titres à mon inaltérable reconnaissance.*

Jules Gavarret souligne l'impérieuse nécessité d'employer la méthode statistique pour recueillir l'expérience des siècles en thérapeutique. Pour lui : *Dans la partie du calcul des probabilités qui s'occupe des règles à l'aide desquelles on doit remonter des effets aux causes, on prouve en toute rigueur que, du moment où un phénomène peut a priori être attribué à une cause nécessaire, il suffit que, dans une dizaine d'expériences bien faites, l'intervention de la cause ait toujours été suivie dans la manifestation du même événement, pour que la répétition future constante de ce phénomène, toutes les fois que la même cause opère, acquière une immense probabilité.* Et il rappelle que Civiale, dès 1835, pose la question de l'utilité de l'introduction des rapports numériques en médecine. En effet, Civiale les avait néanmoins utilisés pour attaquer un de ses collègues urologue, Joseph Souberbielle (1754-1846), champion de la cystostomie sus pubienne, qu'il accuse d'avoir tué 22 patients au cours de l'opération de la taille, ce qui fait dire à l'intéressé : *D'après cette manière de procéder en statistique, M. Civiale eut été tout autant dans le vrai en annonçant que j'avais opéré onze individus et qu'ils étaient tous morts.* Il est vrai que Civiale était hostile à la lithotomie qu'il qualifiait de *terrible, meurtrière, de ressource déplorable* ... Il publiera deux ans plus tard dans le chapitre VIII de son *Traité de l'affection calculeuse ... suivies d'un essai de statistique sur cette maladie ...*, Paris, 1838, au long de 350 pages sur les 714 que compte l'ouvrage, les résultats obtenus dans divers états européens, en Égypte, aux Canaries et en Argentine par le traitement de la lithiase vésicale par cystostomie, par extraction, par urétrotomie et par lithotritie. Il souligne les variations considérables de la maladie selon les régions : *Tandis qu'en Bohème, par exemple, on ne compte qu'un calculeux sur environ trente-trois mille habitants, en dix années, il y en a dans le même laps de temps, un sur six mille aux îles Ioniennes, et un sur trois mille six cents dans le royaume Lombardo-Vénitien.* Il estime que la pierre existe à peu près également partout et que la répartition selon l'âge répond aux caractéristiques suivantes : ... sur 6376 calculeux, il s'est trouvé 2416 enfants, 2167 adultes et 793 vieillards. La sédentarité favorise la pierre : Civiale détaille de très nombreux personnages historiques qui en furent atteints et souvent en moururent, comme notamment, le médecin Paul Joseph Barthez, comme Jacques

Benigne Bossuet, comme Georges Buffon, comme le cardinal Dubois, comme Georges IV roi d'Angleterre, comme le chirurgien François de la Peyronie, comme Michel de Montaigne, comme Isaac Newton, comme Jean Riolan, comme Charles Vergennes. L'hérédité est déterminante et il existe des familles de lithiasiques. Quant à la mortalité post cystotomie, l'opinion de Civiale se résume en quelques lignes : *On voit que, de quelque manière qu'on combine ensemble les faits de cystostomie recueillis sans distinction d'âge ni de sexe, la proportion de la mortalité est toujours à très peu de choses près la même, et que ses limites extrêmes paraissent être renfermées entre 25 et 20 pour 100, c'est-à-dire 1 sur 5 et 1 sur 4 opérés.*

Civiale dans la préface de son ouvrage exprime de façon explicite son approbation de l'introduction de la méthode numérique en médecine et en chirurgie : *S'agit-il d'apprécier la valeur d'un nouveau moyen curatif ? Soit qu'on appelle à son secours l'expérience des autres, soit qu'on se renferme dans les bornes de la sienne propre, on débute par observer, on étudie chaque fait isolément, dans toute son étendue et avec toutes ses nuances, on analyse l'action que la substance exerce sur les divers départements de l'économie animale, on rapproche les uns des autres les cas de maladie dans lesquels elle paraît avoir été utile, on les compare ensemble, on les classe, on les coordonne, en laissant de côté les faits incomplets ou mal caractérisés, qu'on tient cependant en réserve, et sans jamais perdre de vue l'influence des modificateurs de la vie et des conditions purement individuelles. L'analogie ou l'identité des faits observés, rapprochés, pesés et comparés, fait alors qu'on attribue à l'agent thérapeutique une propriété dont la portée et la valeur sont ensuite débattues jusqu'à ce qu'une longue expérience, ou, si l'on aime mieux, une plus grande somme de faits ait enfin procuré une assiette fixe aux idées. En un mot, on fait de l'analyse, on balance des résultats, et l'on évalue tant bien que mal, les chances de succès sur lesquelles on se croit autorisé à compter dans telle circonstance abstraite d'un nombre quelconque de cas concrets. Telle est la marche qu'on a suivie pour déterminer les propriétés d'un grand nombre de médicaments les mieux connus, et la valeur de la plupart des procédés chirurgicaux ; on a rassemblé, comparé et classé des individualités, afin d'en déduire des formules générales, susceptibles d'être ensuite appliquées à de nouvelles individualités, non pas avec pleine et entière certitude, mais seulement avec probabilité raisonnée et plus ou moins rigoureusement calculée de réussite.*

À cette occasion, l'introduction du calcul des probabilités est évoquée pour évaluer les résultats des thérapeutiques. Double s'y oppose. Navier la défend. Pour Gavarret, il faut suivre la voie tracée par Laplace et Arago en astronomie notamment et par Poisson dans son livre sur la *Probabilité des jugements.* L'élève d'Andral arrive à la conclusion suivante : *... il ne s'agissait de rien moins que de régulariser l'application de la méthode expérimentale à l'art de guérir.* Et de rappeler les discussions qui se déroulèrent à l'Académie de médecine en avril 1837 sur l'opportunité des rapports numériques. Les débats furent houleux et reflétèrent l'ignorance des participants à propos des applications du calcul des probabilités en médecine. Risueno d'Amador prit position contre l'utilisation de cette méthode en médecine. Bouillaud avait néanmoins affirmé dans son *Essai sur la philosophie médicale et les généralités de la clinique médicale,* Paris, 1836 : *Ce n'est pas ici le lieu d'exposer les principes généraux, ni les méthodes du calcul de probabilité. Nous devons nous borner à considérer les particularités de son application aux faits et aux évènements du ressort de la médecine. Or, jusqu'ici, aucun auteur que je sache ne s'est spécialement occupé de ce sujet délicat, et si digne de fixer l'attention. Je ne possède pas pour mon compte tous les éléments nécessaires à la solution des nombreux problèmes qui s'y rattachent. Il me suffira de montrer dans le cours de cet ouvrage quels sont les principaux cas dans lesquels on peut avoir besoin des lumières fournies par le calcul des probabilités.*

L'emploi en médecine des principes empruntés au calcul de probabilité n'est pas un empiètement des mathématiques sur les sciences médicales : c'est le moyen de titrer une conclusion légitime d'un grand nombre d'observations comparables, en se défiant des solutions tirées d'un petit nombre de faits. Gavarret distingue les causes nécessaires (un rayon lumineux qui traverse un morceau de verre à faces non parallèles est nécessairement dévié de sa direction primitive) hautement probables et les causes probables qui, dès lors qu'elles interviennent, ne produisent pas inéluctablement l'événement attendu. Il fait entrer dans cette catégorie, tout ce qui concerne la thérapeutique.

Gavarret ne retient pas les relevés statistiques composés de moins de 300 malades. Il rédige une table constituée de 16 colonnes horizontales renfermant, de gauche à droite, une des 16 mortalités moyennes prises en compte, puis, alternativement, les 15 compositions de statistiques.

TABLEAU GÉNÉRAL DES CALCULEUX, de 1820 à 1830.

LOCALITÉS.	NOMBRE des calculeux.	SEXE.		AGE.				NOMBRE des opérés.	MÉTHODE OPÉRATOIRE.				RÉSULTATS DE L'OPÉRATION.						CALCULEUX NON OPÉRÉS.		
		Hommes.	Femmes.	Enfants.	Adultes.	Vieillards.	Inconnus.		Cystotomie.	Extraction.	Urétrotomie.	Lithotritie.	Morts.	Guérisons.	Fistules.	Issue urine d'urine.	Récidive.	Inconnus.	Vivants.	Morts.	Sans indication.
Autriche	197	181	16	55	92	23	27	138	133	2		3	25	105				8	28	16	15
Bavière	386	355	31	116	96	27	147	162	136	6	18	2	28	105	15	9	5		123	75	26
Bohême	106	91	15	28	46	32		46	36	1	8	1	5	38	2		1		32	28	
Buenos-Ayres	6	6		3	2	1		3	3					3						3	
Dalmatie	49	49		22	21	6		43	40		3		4	33	4	1	1		1	4	1
Danemarck	287	255	32	14	75	56	142	40	35		5		12	26	1	1					247
Egypte	42	41	1	1	41			41	41				2	36	3				1		
Espagne. Malaga	6	6		1	5			6	6				1		5						
France	2834	2711	123	1347	969	506	12	2368	1987	50	17	314	574	1885	33	12	32	32	165	250	51
Iles Ioniennes	29	27	2	6	15	8		8	5		3		1	7					15	6	
Irlande. Corke	16	16		12	3	1		15	15					13		2				1	
Lombardo-Vénitien (Royaume)	1104	1047	57	796	205	22	81	1044	1027	3	14		217	819	3	5			39	19	2
Malte	4	4			4			3	3				1	2						1	
Naples	308	298	10	129	148	31		308	308				47	261							
Romagne	49	45	4	10	21	18		33	33				3	19	5	2	3	1	9	7	
Etats Sardes	213	207	6	97	35	8	73	22	21		1		6	15	1					3	188
Saxe	28	21	7	8	15	5		10	6		4		1	9					15	3	
Suède	94						94	36	36				5	31							58
Ténériffe	15	14	1	1	8	6													14	1	
Wurtemberg. Ulm	127	123	4	64	62	1		120	120				7	106	5	2					7
	5900	5497	309	2710	1863	751	576	4446	3991	62	75	320	739	3513	77	54	42	41	442	417	595

Celles-ci coïncident avec cette mortalité et les erreurs possibles s'y rapportant : 15 grandes accolades horizontales, à chacune desquelles correspondent 2 colonnes verticales indiquant, l'une, la répartition des malades décédés et guéris, l'autre, l'étendue de l'erreur possible, pour chacune des mortalités moyennes choisies.

Il ébauche une tentative d'échantillonnage aléatoire en supposant que dans une épidémie, 500 malades pris au hasard ayant été soumis à une médication, et 500 autres, également pris au hasard, à un traitement différent, on ait obtenu les résultats suivants :

-première médication : 100 morts, 400 guéris, 500 malades : 20.000 personnes meurent sur 100000 malades.

-seconde médication : 150 morts, 350 guéris, 500 malades : 30.000 personnes meurent sur 100000 malades.

Il conclut que l'effectif n'est pas suffisant pour départager les deux méthodes et déterminer quelle est la meilleure. En effet, si on porte le nombre des malades à 1000, trois hypothèses se présentent :

-les deux mortalités sont les mêmes : 20000 et 26000 décès sur 100000 malades avec une erreur limite de 5306 sur 100000

-les deux mortalités se sont rapprochées, la première restant inférieure à la seconde : 22000 et 24000 décès sur 100000 malades avec une erreur limite de 5321 sur 100000

-les mortalités ont varié et la première a dépassé la deuxième : 25000 et 19000 morts, limite des erreurs possibles inférieure : 5226 sur 100000 : *En effet supposons que nous ayons obtenu cette moyenne de 1 sur 10, non pas sur 100 cas, mais sur 100.000 ; pendant le temps consacré à l'observation de ces 100.000 cas toutes ou presque toutes les chances ont dû se présenter, c'est-à-dire que la mortalité s'est tantôt abaissée, tantôt élevée, et que ces oscillations ont été compensées les unes par les autres. Maintenant qu'importe qu'au moment où notre observation cesse, la mortalité change un instant ? Le nombre des nouveaux malades est si petit, celui des morts si minimes, que nos grands nombres n'en seront pas sensiblement affectés.*

Que dit Risueno ? Qu'il faut distinguer l'acception mathématique et l'acception philosophique du mot probabilité. Il confond ainsi la mesure de la probabilité et la probabilité elle-même affirmant que Pascal, d'Alembert, Leibnitz, Destutt de Tracy,

Poinsot et Poisson lui-même mettent en doute la logique de ce calcul ; que ce mode de calcul est trop obscur pour lui accorder la moindre confiance. Sa première intervention à l'Académie de médecine lui donne l'occasion de justifier sa position et *qu'examinée en principe, la théorie des probabilités est trop obscure encore, même mathématiquement, pour inspirer aucune confiance ; que le calcul des probabilités, appliqué aux phénomènes de la nature, n'a conduit jusqu'ici et peut-être ne peut conduire qu'à des solutions ou inutiles, ou insuffisantes, ou trompeuses ... Je conclus de tout ceci, messieurs, que dans toutes les suppositions possibles, dans celle de la minorité comme dans celle de la majorité, le calcul des probabilités ne peut que corrompre la thérapeutique ... Concluons donc que la mobilité des états pathologiques, les apparences organiques restant les mêmes, est un obstacle incessant à l'application de la statistique à la médecine* ... Sa critique de ceux qu'il désigne comme des « numéristes », ces pseudo philosophes, s'achève sur une conclusion en dix-sept points dans laquelle il affirme : 1° Que le calcul de probabilité même réduit au seul calcul, n'est pas digne de confiance, 2° Qu'il est, en médecine, anti-scientifique, 3° Qu'il ne faut pas confondre la quantité de faits et leur qualité, 4° Que la méthode numérique est grossièrement empirique, 5° Que l'induction lui est préférable, 6° Qu'il y a autant de différence entre l'induction et la statistique qu'entre la logique et l'arithmétique, 7° Que seule, l'induction convient aux sciences physiologiques et morales, 8° Que la statistique ne fait que confirmer ce qui est déjà connu ou n'aboutit qu'à des résultats inadmissibles, 9° Que l'induction vieille de 2000 ans est à l'origine de toutes les découvertes médicales, 10° Que les résultats obtenus par la statistique sont provisoires, 11° Que les promoteurs de cette méthode en rejettent les résultats quand ceux-ci s'égarent, 12° Que la méthode numérique étant accessible aux intellects les plus ordinaires, elle encense les médiocres ce qui lui attire de nombreux suffrages, 13° Qu'elle confond symptomatologie et sémiologie, pharmacologie et thérapeutique, 14° Qu'elle annihile l'analogie, la théorie, l'étiologie, la physiologie et parfois la thérapeutique, 15° Qu'elle donne une idée erronée de la science et attribue à l'acteur les erreurs que seul l'art devrait endosser, 16° Qu'elle substitue à l'activité de l'esprit et au génie individuel une habitude monotone, inconditionnelle et automatique, 17° Qu'elle est finalement inutile, car tout s'est fait sans elle, et dangereuse car elle bouscule la science.

Risueno prendra la parole une deuxième fois. Il s'abrite derrière les conceptions éclectiques de Gabriel Andral. Il rappelle que le calcul de probabilité est remis en question par la saine logique et que bien d'autres avant lui l'ont remis en question et non des moindres : Leibnitz, Pascal, d'Alembert. L'école écossaise, l'école sensualiste française comme Thurot, Poirson et Destutt de Tracy. Il achève ainsi son exposé : *Que l'art n'exerce son influence que sur l'individu, et non sur l'espèce ; que de ce soin la nature seule s'en charge ; que vouloir juger des résultats de l'art par ses effets en grand, c'est frapper de discrédit les moyens les plus puissants de la thérapeutique, et l'art lui-même dans ses bases fondamentales ...*

Un renfort lui vient de François Joseph Double qui lit devant l'Académie de médecine, en 1837, un mémoire dans lequel il estime que : *La médecine ne se compose pas d'individualités ; deux observations quelconques, d'une même maladie, présentent entre elles trop de différences pour pouvoir être considérées comme des unités comparables. Dès lors on ne peut appliquer aux recherches de thérapeutique le calcul de probabilité, puisque son emploi réclame, comme condition indispensable, de grandes collections de faits.* Etienne Bonnot de Condillac (1715-1780) l'avait déjà affirmé en démontrant que les limites de l'esprit humain nous contraignent à établir une taxinomie classant les objets en les séparant en genres et en espèces. Mais rétorque Gavarret, sans agréger les individualités dans des groupes bien délimités, toute démarche scientifique devient impossible, toute thérapeutique irréalisable car constituée d'essais isolés avec impossibilité de tirer une conclusion générale ou la moindre prévision. Il en appelle au jugement de Zimmerman : *Incapables (les empiriques) de rien généraliser, ce ne sera tout au plus que des détails particuliers qu'ils chercheront dans les livres. Toute maladie sera toujours pour eux une maladie particulière, qui demandera un traitement ou plutôt un médicament différent : aussi goûteront ils jamais un écrivain, qui, pleinement instruit de son art, aura su rappeler à un même genre, des maladies qui ne doivent pas être différenciées par rapport à quelques symptômes qui n'ont eu lieu que par quelque circonstance particulière.* Il ajoute : *La plupart des observateurs ont coutume de découvrir le côté affirmatif des choses et d'en voiler le côté négatif ; c'est vouer son art à l'opprobre que d'agir ainsi. Le temps porte son flambeau dans l'obscurité la plus ténébreuse, et l'on aperçoit l'imposture.* C'est un travers qui existe toujours.

En revanche, Jacques André Rochoux (1787-1852), élu de fraîche date à l'Académie, en 1835, s'exclame : *Messieurs, M. Risueno et M. Double sont certainement les deux adversaires les plus redoutables de la statistique. Ils ont prononcé tous les deux un discours également remarquable ; mais, quoique traitant du même sujet, ils diffèrent assez l'un de l'autre pour m'obliger à deux réponses ...* Rochoux fait remarquer que l'affirmation de Risueno selon laquelle entre le calcul chiffré et le raisonnement logique, la différence est considérable est inexacte : bien au contraire, la ressemblance est parfaite entre les deux. Condillac le démontra au siècle précédent. *Calculer, induire, écrire, quand on le fait avec sens, ne sont que des manières différentes d'employer la logique,* précise Rochoux, qui ajoute à destination de son confrère Double : *Par conséquent, la statistique médicale, quoique accusée aussi par M. Double d'être en opposition avec la logique, est assurément très-logique, très-d'accord avec l'induction, et dès lors très scientifique. Elle ne pourrait fausser ou contrarier la thérapeutique qu'autant que celle-ci serait elle-même illogique ...* Rochoux à propos de l'hostilité de Double à l'égard des méthodes numériques, rappelle la dispute qui éclata entre Descartes et Gassendi : *Notre très savant approuve la logique des stoïciens, basée sur l'incertitude du témoignage des sens. Au lieu de cela, je me laisse guider par la logique d'Epicure, ayant pour principe l'infaillibilité des sens. Il y a moins de deux siècles, la thèse des stoïciens fut reprise par Descartes, dont le livre des Méditations, presque entièrement consacré au développement de cette proposition célèbre : « Je pense donc je suis », n'est qu'un long plaidoyer contre les sens. A la même époque, que faisait Gassendi, le plus savant des humanistes et le premier des humanistes parmi les savans, comme on le reconnaissait alors ? Il disait à Descartes : Je bois, je mange, je ris, je pleure, j'ai froid, j'ai chaud, je vois, j'entends, etc., donc je suis ; c'est-à-dire qu'il prouvait péremptoirement à son adversaire que tout phénomène physiologique dont nous sommes avertis est également propre à nous donner la certitude de notre existence.* A juste titre, Rochoux conteste cette perpétuelle variabilité des lois vitales soutenues, bien à tort, par Bichat. Il achève ainsi son exposé : *La statistique est plus forte qu'une Faculté, plus forte qu'une Académie et que toutes les académies du monde : en un mot, la statistique médicale est vraie ; cela répond à tout.*

C'est tout le problème de la spécificité qui seule rend possible l'application de la statistique en médecine et permet à Gavarret de conclure : *On peut compter en médecine ; il ne s'agit plus que de démontrer comment on doit le faire* : il faut recueillir plusieurs centaines d'observations comparables pour, ayant constaté un fait à chance variable, démontrer sa chance moyenne de manifestation ; toute loi de manifestation d'un phénomène à chance variable, déduit d'un petit nombre d'expérience, ne mérite aucune confiance ; deux statistiques établies sur plusieurs centaines d'observations comparables, s'il ne s'est produit aucune cause perturbatrice, aucun « biais », doivent ne pas dépasser une certaine limite entre leurs résultats, d'autant plus minime que les faits collectés seront plus nombreux ; si cette cause perturbatrice est avérée, la différence dépassera la valeur assignable.

Anthropologue et médecin militaire français, Jean-Christian-Marc Boudin (1806-1867) est le véritable fondateur de la géographie médicale. Il s'applique à déterminer les lois qui dirigent la distribution des pathologies. Son *Traité de géographie et de statistiques médicales et des maladies épidémiques*, Paris, 1857, est le fruit de plus de quinze années de recherches. Il tient compte des coordonnées géographiques, de l'altitude, de la géologie, de l'hydrologie, de l'hygrométrie, de la météorologie. Il en tire des conclusions souvent erronées, voyant des coïncidences et des oppositions là où ne règnent que fortuité et indéterminisme. Néanmoins, les éléments qu'il apporte restent documentés et exploitables.

Un autre médecin militaire, directeur du service de santé de la marine au port de Rochefort, Charles Adolphe Maher (1805-1888), publie successivement un opuscule de 28 pages *De la constitution médicale de Rochefort*, en 1857, dans lequel il recommande d'utiliser la statistique pour préciser le degré de salubrité ou d'insalubrité d'un pays. En 1874, il publie un ouvrage plus important intitulé *Statistique médicale de Rochefort* édité par Baillière. Ce livre est certainement un modèle de ce que les statisticiens de cette fin de siècle pouvaient faire de mieux. Topographie, géologie, approvisionnements en eau, météorologie, démographie de 1666 à 1853, statistiques médicales, recensements, naissances, décès et leurs causes, statistiques des établissements hospitaliers détaillant les diverses pathologies, statistiques de l'arsenal et des diverses troupes cantonnées dans la ville. Maher achève son livre sur un programme ambitieux pour la ville de Rochefort : *Quoi qu'il en soit, il importe de ne pas s'endormir dans une fausse sécurité. Tout en se félicitant hautement des immenses progrès réalisés, il est indispensable de persister dans la voie qui a été si avantageusement ouverte. Continuer le dessèchement et la fertilisation des marais ; adopter, partout où il pourra prospérer, un large système de plantations ; remplacer pour toute la population, l'eau calcaire des puits par une distribution abondante d'eau de source ; instituer des égouts couverts pour le transfert dans le fleuve des eaux ménagères ; pratiquer un système d'irrigation complet dans les rues ; assainir quelques logements restés insalubres ; changer l'alimentation des nourrissons pour qu'ils deviennent plus tard des hommes vigoureux ; fonder en ville, en vue des prescriptions indiscutables de l'hygiène, des lavoirs publics, des bains chauds à bon marché, une école de natation, un gymnase accessible à tous, telles sont les conditions à remplir pour maintenir et assurer dans le présent et dans l'avenir la salubrité publique, qui est le premier élément de la prospérité de Rochefort.*

En mai 1840, François Louis Isidore Valleix (1807-1855) publie un article de 39 pages dans les *Archives générales de médecine* intitulé : De l'application de la statistique à la médecine. Né à Toulouse, externe en 1829, interne en 1831, il soutient sa thèse de doctorat en 1835 à Paris : *L'asphyxie lente chez les enfants nouveaux nés.* Il publie une *Clinique des enfants nouveaux-nés* en 1838, puis son célèbre *Traité des névralgies* en 1841 et, enfin, les 10 volumes de son *Guide du praticien ...*, de 1842 à 1847, à Paris. Il meurt de la diphtérie contractée auprès d'un de ses jeunes malades, à 48 ans. Son article conteste certaines propositions de Gavarret notamment quand il affirme que *les nombreux systèmes inventés jusqu'à nos jours, quoique faux dans leur ensemble et considérés comme généraux, n'en ont pas moins rendus d'excellents services,* d'autant que l'élève d'Andral dément ces propos un peu plus loin dans le texte : *Si les progrès de la médecine ont été si lents, si de nos jours l'art de guérir est placé, sous le point de vue de son avancement, bien loin au-dessous des autres sciences naturelles, ce n'est pas seulement au défaut de bonnes observations qu'il faut s'en prendre, mais encore à la philosophie générale dont ses principaux représentants ont subi l'influence. A toutes les époques nous voyons surgir et disparaître chacun des trois grands systèmes auxquels peuvent se rapporter presque tous les travaux des médecins.* Valleix estime que, contrairement à l'opinion de l'auteur des *Principes généraux de statistique médicale ou développement des règles qui doivent présider à son emploi*, on peut se soustraire à cette loi des grands nombres non seulement en échappant au risque d'erreur mais au contraire en en tirant des avantages. Néanmoins, Valleix admet que Gavarret, en donnant des tables au moyen desquelles on peut aisément trouver la limite des variations pour de très nombreux faits, principes statistiques qu'il a empruntés à l'ouvrage de Poisson, *Recherches sur la probabilité des jugements en matière criminelle et en matière civile précédées des règles générales du calcul des probabilités*, Paris, 1837.

Achille Guillard, Louis et Jacques Bertillon

Une nouvelle génération de médecins statisticiens apparaît : Achille Guillard, Louis Adolphe Bertillon, son fils Jacques Bertillon …

Achille Guillard (1799-1876), le grand-père maternel de Jacques Bertillon, est l'auteur des *Éléments de statistique humaine ou démographie comparée*, Paris, 1855. Il reprend dans son introduction cette phrase d'un de ses collègues démographes : *Le peuple le plus riche est celui qui a le moins de pauvres.* Plus loin, il rappelle ce jugement de Benjamin Franklin : *Aucun plan pour secourir la pauvreté ne mérite attention, s'il ne tend à mettre les pauvres en état de se passer de secours.* Pour lui la statistique concerne l'agriculture, l'industrie, le commerce, la finance, l'administration, la justice, la médecine et bien d'autres choses. *Elle dessine les rameaux de cet arbre immense de l'humanité, qui doit couvrir la terre entière de son feuillage toujours vert, et faire contribuer à son développement tout ce qu'elle porte et enserre.* C'est la démographie et elle repose sur la loi des grands nombres ou calcul des probabilités. En théorie, elle est l'histoire naturelle des sociétés humaines mais, en fait, elle est le résultat de ses progrès. Il s'oppose à Malthus et conteste sa formule : *Ayez moins de naissances, vous aurez moins de misère* pour lui substituer la sienne : *Ayez moins de misère, vous aurez moins de naissances*, conséquence logique selon lui mais *abîme à remplir !* Guillard essayera en vain à Bruxelles, en 1853, d'obtenir que William Farr et Marc D'Espine (1806-1860) se mettent d'accord sur leur classification des maladies, l'Anglais les répartissant par organes, le Suisse, par symptomatologie, aiguë ou chronique !

Ami de Michelet, proche des socialistes, médecin et démographe, Louis Adolphe Bertillon (1821-1883) étudie les causes de la mortalité. Sa thèse de doctorat en médecine, soutenue à Paris en 1852, s'intitule : *Éléments de l'hygiène en rapport avec la durée de la vie.* En 1857, dans ses *Conclusions statistiques contre les détracteurs de la vaccine précédées d'un essai sur la méthode statistique appliquée à l'étude de l'homme*, il prend la défense des statistiques appliquées à la médecine : *Nous croyons donc que la méthode statistique n'a encore été que fort peu appliquée aux recherches médicales, notamment à celle de la thérapeutique ; et nous ajoutons (c'est pour nous une conviction vive et ardente) que nulle branche des connaissances humaines n'a plus à attendre de cette application que la science médicale. Malheureusement la statistique ne peut guère être appliquée à la médecine que sous l'action des volontés collectives, et à la condition expresse que les médecins se livreront à l'étude préalable de cette méthode d'analyse.* Cinq ans plus tard paraissent les *Études statistiques de géographie pathologique ...* dans lesquels il reconnaît que *la puissante méthode des nombres accumulés* a gagné du terrain et que les médecins ont admis que les faits pathologiques isolés ne permettent pas une bonne appréciation de la physiologie comme de la pathologie. Bertillon distingue deux temps dans le travail du statisticien : l'enquête et la mise en œuvre des matériaux recueillis et soumis à l'esprit critique de ceux qui l'ont effectuée. Ainsi, pour avoir oublié d'examiner avec sérieux les résultats de la mortalité hospitalière à Londres et à Paris, les chiffres obtenus ont été critiqués. Pour pallier ces inconvénients, Bertillon conseille de vérifier soigneusement l'exactitude des documents, de les utiliser selon les règles consacrées par la bonne pratique de la méthode numérique, d'observer une stricte orthodoxie quant à l'usage des termes requis par la méthode : ainsi la mortalité signifie le rapport des décès au vivant d/V et non le rapport des décès entre eux d/D, d'apprécier le rôle salutaire ou mortifère des divers milieux comprenant nécessairement la comparaison des groupes de décédés avec ceux des vivants, de mentionner les sexes et les âges, de ne pas oublier *le peu de valeur de la signification très restreinte du rapport d/D que la plupart des auteurs ont le tort de donner comme mesure de la mortalité, tandis que ce rapport ne mesure vraiment que la fréquence des décès spéciaux (d) relativement aux décès généraux (D) sans rien impliquer par rapport aux vivants ni au temps, deux notions sans lesquelles ne peut naître l'idée de mortalité.* Dans sa lettre à Guillard, Bertillon à propos des relations entre les subsistances et le bien-être de la population élargit le débat en évoquant d'autres éléments de confort que la nourriture : *ce serait méconnaître l'homme et le ravaler au rang des animaux que de croire qu'une nation ne subsiste que parce qu'elle digère.* Il prend en compte les produits agricoles et les salaires des ouvriers de l'industrie et constate que la ration alimentaire est inégalitaire en France, que ceux dont l'alimentation est insuffisante vivent peu ; que ceux pour lesquels elle est abondante et de qualité vivent bien et longtemps.

Jacques Bertillon (1851-1922), digne successeur de son père Louis Adolphe, nous apprend que la profession la plus dangereuse est celle de … cocher ! Non seulement leur alcoolisme les tue mais aussi les pneumopathies qu'ils contractent en s'exposant aux intempéries et au froid. Les charretiers payent un lourd tribut à l'intempérance mais s'exposent moins aux rigueurs du climat car, marchant à côté de leur cheval, ils combattent mieux le froid et l'humidité que les conducteurs de fiacre immobiles sur leur siège. Les professions dans lesquelles on inhale de la poussière de métal ou de minéral ont une forte mortalité, celle des boulangers qui respirent des poussières molles est un peu moindre. Les tailleurs et les cordonniers sont soumis à une mortalité assez forte, peut-être parce que ceux qui pratiquent ces métiers sont chétifs et ont choisi cette profession en raison de leur peu de vigueur. Plus favorisés sont les jardiniers-maraîchers, les instituteurs, les prêtres. Il y a une différence entre la mortalité du médecin de ville qui est modérée et celle de son confrère de la campagne qui sillonne en calèche les routes et les chemins de province. Bertillon signale un biais classique qui fait que si les rentiers, dont l'activité n'est pas pénible, meurent beaucoup du fait de leur âge avancé, les garçons bouchers ont une mortalité très faible tout simplement car leur population est jeune. Bertillon précise qu'une *statistique où l'âge des vivants et des morts ne serait pas distingué ne pourrait avoir aucune valeur.* En 1885, dans un article intitulé : La statistique des causes de décès dans les grandes villes de France publié dans la *Revue d'hygiène et de police sanitaire*, après avoir annoncé qu'il avait succédé à son père à la direction du service statistique de la ville de Paris, Bertillon rappelle les quarante villes qui, outre Paris, publient un mortuaire comportant les causes de la mort : Amiens, Bar-le-Duc, Bayonne, Charleville, Dijon, Douai, Dunkerque, Le Havre, Limoges, Lille, Lyon, Marseille, Nancy, Nantes, Nice, Pau, Reims, Saint-Etienne, Toulouse, Troyes et Alger : l'intention d'indiquer les causes de décès dans la statistique, approuvée par l'Académie de médecine en 1856, restera un projet avorté. Néanmoins cette idée a été réalisée en Allemagne et en Italie. Que préconise Jacques Bertillon ? Selon lui, il faut publier des tableaux mensuels de statistiques résumant succinctement les causes de décès, il faut exiger que ces documents soient comparables entre eux, il faut connaître le nombre de vivants et celui des décès pas étiologie sachant que seule la population de fait, celle du recensement à un moment précis, doit être prise en compte. En effet, la population légale est fallacieuse car elle sert de base pour calculer l'impôt ou pour permettre diverses opérations de l'administration. Les populations des casernes ou des lieux de détention sont prises en considération. L'âge de la population concernée doit être intégré afin de permettre, pour chaque tranche d'âge, d'établir le rapport suivant : sur 1000 vivants, combien de décès ? et combien de naissances ? Noter l'âge des morts est nécessaire tout comme il est essentiel de connaître l'âge des habitants et celui des décédés mais en les regroupant : *Dans les tableaux mensuels de statistiques de la ville de Paris, j'ai adopté conformément aux vœux des congrès internationaux de statistique, les groupes d'âge suivants : 0-1 an, 1-4, 10-14, 15-20, etc., en continuant la série des groupes quinquennaux jusqu'à la fin de la vie ...* Il est impératif d'adopter une nomenclature standardisée des causes de décès et de faire parvenir au ministère, si possible mensuellement, la statistique des décès, ce qui permet d'apprécier les villes salubres de celles qui le sont moins et justifient une amélioration de leur état sanitaire. La statistique des vivants serait établie tous les 5 ans et succèderait au recensement. À titre de comparaison avec les époques plus récentes, il est intéressant de reproduire les chiffres de causes de mort et des décès qu'elles produisirent à Paris en 1885 :

Typhoïde : 1412
Variole : 194
Rougeole : 1564
Scarlatine : 198
Coqueluche : 272
Diphtérie : 1786
Tuberculose pulmonaire : 10163
Autres tuberculoses : 1511
Cancer : 2308
Méningite : 2090
AVC : 2821
Cardiopathies : 2961
Bronchopathies aiguës : 1507
Bronchopathies chroniques : 2147
Pneumonie : 4208
Diarrhée infantile : 4124
Fièvre puerpérale : 272
Débilité congénitale : 1140
Sénilité : 1436
Morts violentes : 1503
Revue d'hygiène et de police sanitaire, **8**, 1885, 846.

On voit le redoutable tribut prélevé par la tuberculose et la diminution spectaculaire de celui autrefois attribué à la variole : merci Monsieur Jenner !

Pour l'anecdote, la psychanalyse est-elle apte à bénéficier d'un calcul statistique ? Comme elle est totalement empirique, c'est une impossibilité. Freud oscille entre théorie ludique et méthode sexualiste. Sans le savoir, il détruit son scientisme par un empirisme irréductible. Les résultats de ses méthodes thérapeutiques sont totalement incertains et les chiffrer revient à tellement disperser leur issue qu'ils deviennent insaisissables. L'objet de la psychanalyse étant l'inconscient, on est dans le domaine du virtuel, de l'inconsistant, du mouvant. Il est donc impossible à cette méthode thérapeutique de se plier à un déterminisme rigoureux. Autrement dit, statistiquement, l'efficacité de la psychanalyse sur les pathologies mentales n'est pas seulement aléatoire, elle est nulle.

Autriche Hongrie : Semmelweis

S'il était besoin de prouver l'utilité des statistiques en médecine, les découvertes du jeune Ignace Semmelweis suffiraient à le démontrer. Le 1er août 1844, Semmelweis passe son examen de maître en obstétrique. Johann Klein (1788-1856), chef du service d'obstétrique de l'Hôpital général de Vienne, accepte de le prendre comme candidat au poste d'assistant et lui promet sa titularisation quand Franz Breit (1817-1868), qui vient d'être nommé, aura accompli son temps d'assistanat. Le futur auteur du *Kindbettfiebers* consacre ces deux années à disséquer chez Rokitanski les cadavres des femmes mortes de fièvre puerpérale. Semmelweis a été confronté à ces décès par infection en post opératoire dans le service de Rokitanski : il bute contre cet obstacle mais ne désespère pas de le franchir. En février 1846, il est nommé Assistant provisoire puis Assistant titulaire après le départ de Breit. Il est surchargé de travail et dort dans le service. Entre l'enseignement, la pratique des accouchements et son travail au laboratoire d'anatomo-pathologie, il ne lui reste guère de temps libre. Mais une seule pensée l'obsède : quelle origine attribuer à la fièvre de couches ?

Les théories en cours sont nombreuses et pas une ne satisfait notre entreprenant Hongrois. Ce sont les lochies succédant à l'accouchement qui ne s'évacuent pas affirment les uns. Pas du tout, c'est la montée laiteuse qui ne s'effectue pas et entraîne une rétention qui provoque une pneumonie ou une méningite de lait, rétorquent les autres. Vous n'y êtes pas, affirment certains : il s'agit d'une fièvre bilieuse, d'une congestion, d'un dépôt fibrineux pelvien. Sans oublier les miasmes, les virus, le *contagium*, les influences telluriques ou cosmiques, le génie épidémique.

En compagnie de son ami le dermatologue et histologiste Ferdinand von Hebra (1816-1880), Semmelweis dissèque avec ardeur dans l'atmosphère pestilentielle des salles d'autopsie. Dans le service de Klein, les jeunes accouchées succombent avec des taux de mortalité atteignant parfois 18% ! Entre 1841 et 1846, il y eut même une épidémie meurtrière de 29 mois où la mortalité atteint un pic de 31,3% ! On accuse beaucoup les facteurs atmosphériques, telluriques, astraux, mais Semmelweis fait remarquer la différence de mortalité entre les deux services de la maternité, celui de Klein et celui de Bartsch et propose même la fermeture de l'hôpital. Il met l'accent sur quatre faits difficilement explicables par les théories en cours : 1° les parturientes de la première clinique dont la dilatation du col avait été lente, succombent presque toujours alors que la lenteur du travail est sans conséquence dans la seconde clinique, 2° la mortalité infantile est trois fois plus élevée chez Klein que chez Bartsch, 3° les femmes qui ont accouché dans la rue et qui ont été examinées par des sages-femmes ont de bonnes suites de couches, 4° les cas de fièvres puerpérales survenus dans la deuxième clinique restent isolés alors que ceux de la première s'étendent à toutes les accouchées, parfois même toutes les malades d'une salle succombent par suite d'une propagation incompréhensible du mal. La réputation de la première clinique est tellement effrayante que les femmes supplient les médecins à genoux pour ne pas y entrer.

Deux événements amènent Semmelweis à lever le voile sur l'origine réelle de l'épidémie : d'une part le retour de Franz Breit (1817-1868) et son propre licenciement du service, qui réjouit Klein trop heureux de se débarrasser d'un assistant dont il n'apprécie pas les initiatives, et de le remplacer par un collègue plus docile. Or le départ de Semmelweis pour Venise le 2 mars 1847, coïncide avec une baisse de la mortalité. Et Breit ne fait pas d'autopsies ! Breit parti, le retour de Semmelweis voit la courbe des décès remonter. Cette brutale recrudescence coïncide avec une multiplication des vérifications anatomiques effectuées par Rokitanski et Ignace. Le service d'anatomie pathologique étant en réfection, tous les cadavres sont transportés dans un local proche de l'amphithéâtre de la maternité. D'autre part, soudainement, son ami, le médecin légiste Jakob Kolletchka (1803-1847) meurt de septicémie à la suite d'une plaie qu'il s'est faite au cours d'une autopsie : les signes cliniques et le résultat de l'autopsie sont identiques à ceux trouvés chez les femmes mortes de la fièvre puerpérale. Semmelweis a compris : ce n'était pas le bistouri qui a tué son ami, mais bien les particules cadavériques qui souillaient sa lame.

Dès lors, il va étudier minutieusement ce qui différencie les deux divisions du service des accouchements : c'est essentiellement le fait que les sages-femmes ne font pas d'autopsies. Ce qui contamine les accouchées du service Klein, ce sont les mains, ce sont les doigts des médecins et des étudiants qui, sortant des salles d'autopsie et examinant les accouchées sans la moindre désinfection, leur transmettent les miasmes recueillis sur les cadavres. Et lui-même est responsable de la mort de ces femmes qu'il aurait voulu sauver : en effet pendant l'intermède occupé par Breit, la mortalité a chuté à 1,92% pour remonter à 18,27% dès son retour ! Il prend conscience de sa propre responsabilité. Il établit la relation entre l'odeur pestilentielle qui se dégage des cadavres qu'on autopsie et les hypothétiques particules cadavériques qui avaient infecté la plaie de Kolletchka et contaminaient les voies génitales des parturientes. Il ne peut contraindre Klein à interdire les autopsies à ses étudiants. Non sans peine, il propose d'installer un lavabo à l'entrée des salles de la maternité et paye les frais de ses propres deniers.

Dès la fin du mois de mai 1847, Semmelweis impose donc dans son service le savonnage, le brossage et le lavage des mains dans une solution de chlorure de chaux : brusquement, les statistiques de mortalité tombent de 18% à 1,20%. Mais il n'est pas au bout de ses peines : quatre femmes meurent après avoir été examinées. L'une d'elles présentait un cancer du col infecté et les trois autres avaient été contaminées par les médecins qui les avaient touchées sans désinfecter leurs mains ; mais voici que la maladie réapparait dans une salle, tuant toutes ses occupantes. Cette fois, la transmission s'était faite par une contamination externe, venant d'une femme enceinte porteuse d'un abcès du genou. Il exige dès lors qu'on examine toutes les entrantes et, qu'à la suite de ce contrôle, on isole les cas pathologiques.

Même Klein s'incline à contrecœur, mais son hostilité n'a pas faibli et il est à l'affut du moindre faux pas de son assistant pour s'en défaire. Il est très affecté par les remarques de certains collègues qui soulignent les bons résultats de son collaborateur.

Semmelweis ne publie pas son premier bilan. Pourtant, dès la fin de 1847, sa réussite est évidente : Karl Rokitanski, Joseph Skoda, Ferdinand von Hébra, l'épidémiologiste Karl Haller (1809-1887) le soutiennent : ses chiffres statistiques sont incontestables et répétitifs. Ce sera donc son ami Hébra qui s'en chargera dans le *Zeitschrift der ... Gesellschaft Aertzte in Wien*, en 1847 puis 1849, sous le titre : Höchst wichtige Erfahrungen über die Aetiologie der in Gebäranstalten epidemischen Puerperalfieber (Les plus importantes découvertes sur la fièvre puerpérale épidémique). Cette publication a peu d'échos : en France, *L'Union médicale* lui consacre un petit article anecdotique qui range cette découverte parmi celles qu'on peut ignorer sans risquer de se tromper.

Semmelweis a exposé ses résultats tout d'abord à Skoda et à Rokitanski, ses maîtres, puis à des amis comme Hébra, Haller, Helm. Il les convainc de la justesse de ses vues. *Encouragé par cet assentiment, il commença une agitation en faveur de sa découverte. Par l'intermédiaire de ses amis, il s'adressa à un certain nombre d'accoucheurs les plus en évidence à l'étranger, pour les inviter à essayer les lotions chlorurées, et les prier de lui en faire connaître les résultats. Le Dr. Hermann Schwartz écrivit ... au professeur Michaelis à Kiel, qui fit parvenir la lettre au professeur Levy à Copenhague. Le Dr Sendrichs écrivit au professeur Tilanus à Amsterdam ; Brücke au professeur Schmitt à Berlin ; Arnet, assistant de la 2e division à Vienne, écrivit à Simpson à Edimbourg. Le Dr Routh, qui avait suivi comme élève, la 1re clinique de Vienne, et qui était familiarisé avec les procédés de Semmelweis, s'empressa de les faire connaître en Angleterre (et en France comme nous verrons plus loin) ; il fit une communication verbale aux médecins de Londres (1848) et, l'année suivante, il publia dans les Medico-chirurgical Transactions (T.*

XXXIII, 1849) un mémoire dont le titre est *: On the cause of the endemie puerperal Fewer of Vienna.* On ne pouvait plus dire que l'Europe médicale n'était pas au courant de cette grande découverte. En France, dans le numéro daté du 20 avril 1849 de la *Gazette Médicale de Strasbourg*, le médecin strasbourgeois Friedrich Wieger (1821-1890) est le seul à analyser et à exposer les travaux de Semmelweis. Il donne le tableau de la mortalité qui a régné à la première clinique d'accouchement de Vienne pendant les 9 dernières années.

ANNÉES.	NOMBRE des ACCOUCHEM^ts.	NOMBRE DES DÉCÈS par an.	sur 100 accouchem^t
1840	2810	267	9,50
1841	2845	238	8,44
1842	3067	521	16,98
1843	2871	274	9,57
1844	2918	260	8,91
1845	3255	241	7,40
1846	3354	459	13,68
1847	3375	176	5,21
1848	3526	45	1,27
Moyenne de la mortalité pendant les sept premières années.			10,70

Wieger Friedreich, Des moyens prophylactiques mis en usage au Grand Hôpital de Vienne contre l'apparition de la fièvre puerpérale ... *Gazette médicale de Strasbourg*, 9e année, 20 avril 1849, **4**, 399-405.

Il souligne l'importance cruciale du lavage des mains à l'eau chlorurée : *C'est apparemment parce que la chose était si simple qu'elle n'a été ni appréciée, ni imitée,* ajoutait-il. Voici en quels termes *La Gazette Médicale de Strasbourg* du 20 avril 1849 rapportait les résultats obtenus par Semmelweis à Vienne : *Aujourd'hui je suis en mesure de fonder mes assertions sur les données statistiques suivantes : ... la mesure sanitaire, dont je donnerai plus loin les détails d'exécution, fut introduite vers la fin du mois de mai 1847 ; déjà, pour cette année le nombre de décès ne fut plus que de 176... L'année 1848 n'a donné que 45 décès, et cet état sanitaire excellent s'est maintenu pendant les premiers mois de l'année courante ... Il existe à Vienne trois services de maternité : l'un, destiné aux accouchements clandestins, est inaccessible à tout autre qu'au chef de service ; les deux autres servent à l'instruction clinique.*

Autrefois les élèves, médecins et sages-femmes, étaient également répartis dans les deux services ; la maladie régnait dans les deux cliniques avec une égale intensité. À partir de 1836 (1839 ?), *la première clinique fut assignée aux médecins, la deuxième fut exclusivement réservée aux sages-femmes élèves ; à dater de cette époque, la différence la plus frappante se fit remarquer entre la mortalité des deux services, et, tandis que sur un nombre presque égal d'accouchements, la première clinique compta 600 décès, la seconde ne perdit que 32 femmes.*

Charles Lucien de Beurmann (1851-1923) fait paraître ses *Recherches sur la mortalité des femmes en couches dans les hôpitaux Statistiques de l'hôpital Lariboisière 1854-1878 et de l'hôpital Cochin 1873-1877,* Paris, 1879. Pas un mot du travail de Semmelweis mais nombreuses références aux registres des entrées à Lariboisière de 1854 à 1879 et tout particulièrement celui des admissions à la Salle Sainte-Anne, dans le service d'obstétrique de François Siredey (1831-1890) dès 1872. Les statistiques administratives donnent pour les accouchements chez les sages-femmes des bureaux de bienfaisance une mortalité de 0,29 pour 100 ; chez les sages-femmes des hôpitaux : 0,40 pour 100 ; dans les hôpitaux : 3,90 pour 100. L'auteur préconise des règles d'hygiène strictes et notamment l'usage de blouses avant de pénétrer dans les salles d'accouchement ou d'hospitalisation et la désinfection des mains, des instruments, avec des dérivés de l'acide phénique. Les champs et les compresses passent par l'étuve.

Allemagne : du fixisme de Mühry au dynamisme de Hirsch et à l'universalisme de Körösi...

Homologue allemand de Boudin, Adolf Mühry (1810-1888), *Klimatologische Untersuchungen, oder, Grundzüge der Klimatologie in ihrer Beziehung auf die Gesundheits-Verhältnisse der Bevölkerungen : Mit einer geographisch geordneten, die gesammte Erde umfassenden Sammlung klimatographischer Schilderungen,* Leipzig et Heidelberg, 1858, est un partisan convaincu du fixisme : pour lui, la nature est figée et les maladies sont régies par la même loi, immuables dans le temps.

August Hirsch (1817-1894) lui oppose une vision dynamique des maladies et propose deux manières d'étudier la géographie médicale : topographique ou anthropologique : *Handbuch des historisch-geographischen Pathologie*, Erlangen, 1860-1864. Le Dechambre, sous la plume de Mahé, écrit à propos de cet ouvrage : *Bien qu'instructive* (cette œuvre) *eut gagné beaucoup à être concentrée en des résumés plus substantiels, plus précis, moins diffus, et à être débarrassée d'une érudition parfois hésitante ou inopportune notamment en ce qui concerne les discussions étiologiques des maladies ... En somme, c'est un vaste recueil de faits et un précieux compendium de recherches historiques.*

Josef von Körösi (1844-1906) inaugure, avec *Plan einer Mortalitäts-Statistiks für Grosstädte*, Vienne, 1873, les méthodes modernes d'interprétation des statistiques concernant les grandes cités. Il publie en 1881, *Projet d'un recensement du monde*, ouvrage dans lequel il propose de corriger l'absence de comparabilité des statistiques des différents états présentées dans les congrès et de réviser les décisions prises à leur issue. Il soulève le problème posé par les recensements en Europe et aux États-Unis et projette un recensement international dans les pays civilisés. En conclusion, Körösi affirme *: Si nous passons maintenant en revue tous les vœux dont l'accomplissement serait exigé pour nous faire parvenir au but si désirable d'un recensement du monde civilisé, nous ne tarderons pas à remarquer que ce qu'on devrait demander à cet égard aux bureaux de statistique ne renferme absolument* *rien d'extraordinaire, ni qui exigerait un travail irréalisable, mais que, au contraire, tout ce que nous proposons est si simple et d'une exécution si facile, que la somme de travail exigé est extrêmement réduite en comparaison de la grandeur du but à atteindre.*

Angleterre : Hawkins, Farr, Snow

Trois médecins anglais vont contribuer à la diffusion des méthodes numériques dans le domaine médical : Hawkins en publiant le premier traité de statistique médicale dont il tire des remarques sociologiques ; Farr qui anime le premier Congrès international de statistique à Vienne en 1857 et enfin, Snow qui, aidé par le chiffrage, élucide l'origine du choléra.

En Angleterre, le premier livre entièrement consacré aux statistiques médicales, est l'œuvre de Francis Bisset Hawkins (1796-1894) : *Elements of medical statistics*, Londres, 1829. Il recommande la réduction du temps de travail pour les enfants et les femmes. Il suggère la création de jardins publics à Manchester. Ces recommandations seront suivies d'effet. Il est à l'origine de l'introduction dans les registres de l'état civil d'une colonne supplémentaire précisant le nom de la maladie ou la cause de la mort conformément à la loi de 1837. L'ouvrage énumère les statistiques médicales des pays, des villes, des hôpitaux, des asiles psychiatriques, et dénombre la mortalité dans les prisons. Il étudie le suicide, les relations entre climat, santé et maladies, les maladies professionnelles, les relations entre le sexe et les pathologies, la fécondité des mariages, l'intérêt des statistiques en démographie.

Son contemporain, William Farr (1807-1885), épidémiologiste et médecin, issu d'une famille d'ouvriers agricoles, est éduqué par le pasteur Joseph Pryce. Il revient de Paris convaincu du bien-fondé des théories de Louis. Il est persuadé qu'il faut distinguer taux de mortalité et probabilité de survie : en effet la première année après la naissance est difficile à inclure dans l'évaluation de la mortalité en raison du taux de létalité infantile élevé après l'accouchement. Il conseille de faire porter ce calcul sur un grand nombre d'années. Il sera critiqué par D'Espine qui lui reproche d'avoir réparti les maladies sporadiques d'après les organes où elles siègent au lieu de distinguer maladies chroniques et maladies aiguës. C'est Farr qui rédigera le rapport du Congrès international de statistique de Vienne, en 1857. Il émet le souhait d'une uniformisation des tableaux statistiques entre les différents états et se félicite de leur importante participation à l'exception de Naples, de la Sardaigne et de la Prusse. En revanche, pour la première fois, il annonce la présence de délégations venues de Russie, de Turquie et d'Espagne. Il insiste sur la nécessité de préciser dans les statistiques de mortalité, les causes de chaque décès, de créer des offices chargés de tenir à jour les registres d'état civil, de constituer dans chaque état des comités de statistiques médicales et de codifier la rédaction des divers certificats. Il y annonce la tenue du prochain Congrès international de statistique, le quatrième, à Londres, et ajoute cette remarque d'humour très britannique : *Permettez-moi d'y ajouter quelques mots de ma part. Je ne vous dirai pas que si vous venez à Londres la réception qui vous sera faite, sera aussi brillante qu'elle a été dans les villes impériales de Paris et de Vienne, mais j'ose dire qu'elle sera aussi cordiale ... L 'Angleterre est hospitalière. Nos amis MM. Quetelet et Visscher vous diront que la première idée de notre Congrès, inauguré d'abord à Bruxelles, a pris naissance à l'Exposition internationale qui se tenait à Londres en 1851. Croyez bien que la statistique a encore dans cette ville des amis dont l'amour pour cette science et pour ceux qui la cultivent n'est pas refroidi.*

Précurseur dans le domaine de l'anesthésiologie, de l'hygiène et de la santé publique, John Snow (1813-1858) est persuadé que, contrairement aux théories admises, le choléra n'est pas transmis par l'air ou les miasmes diffusés par les malades. Il met en évidence la transmission hydrique de la maladie et publie ses résultats dans trois articles parus dans *The London medical gazette* en 1849 sous le titre collectif : *On the pathology and mode of communication of cholera*. En 1854, il a l'idée d'établir une relation, à partir des registres de décès, entre le domicile des malades et les pompes à eau qui alimentent leur quartier. Il s'aperçoit que la majorité des sujets atteints habitent à proximité de ces points d'eau. Il incrimine une compagnie de distribution d'eau de Londres dont les approvisionnements sont contaminés par les égouts. La même année il publie son travail sous la forme d'un livre. La seconde édition de cet ouvrage, parue en 1855 sous le titre : *On the mode of communication of cholera*, contient un exposé remarquable de la théorie bactérienne de la maladie qu'il attribue à un micro-organisme d'origine fécale qui, par voie digestive, se multiplie dans l'organisme des gens contaminés. Il écrit, pour expliquer la contamination des eaux : *But as far as can be judged from analogy, the poison consist probably of organized particles, extremly small no doubt, but not capable of indefinite division, so long as they retain their properties.* À ce titre, il peut être considéré comme un pionnier de l'épidémiologie. Dans le tableau suivant, il relève la mortalité due au choléra dans certains quartiers de Londres :

Districts de Londres	Population (1841)	Morts pour 1000 habitants	%
West	300.711	533	1,77
North	75.971	415	1,10
Central	373.605	920	2,48
East	392444	1597	4,06
South	502548	14001	7,95
Total	1.948.369	7466	3,83

Deaths from Cholera in London, registered from 09/1848, to 08/49.

Suisse : Lombard, D'Espine

Un praticien suisse, Henri Clermond Lombard (1805-1895), médecin à l'Hôpital civil de Genève, publie un *Atlas de la distribution géographique des maladies dans leurs rapports avec les climats*, Paris, 1880. À propos de la mortalité en France et en Suisse, il remarque qu'elle croît au printemps à l'exception de certaines régions comme la Manche, la Bretagne méridionale, l'Aquitaine, le Dauphiné et la Haute Savoie, Tours, Orléans, Troyes, Nancy, Besançon, Limoges et Saint-Etienne, la région du Léman et celle de Neuchâtel. En revanche, la mortalité est estivale ou automnale aux environs d'Amiens, du Havre, sur tout le littoral atlantique jusqu'à Bayonne, sur la Côte d'Azur et à Lyon. Quant à l'Europe, l'Islande se distingue par une mortalité élevée en été alors que les pays scandinaves connaissent un pic en hiver. Les pays baltes, ceux d'Europe centrale, sont marqués par une forte mortalité au printemps. Angleterre, Hollande, Belgique et Allemagne du Nord connaissent la plus forte mortalité en hiver. En Espagne, on meurt surtout en août et à l'automne. En Italie, à la période hivernale. En Europe orientale, surtout en février, mars. Lombard a également écrit les quatre volumes du *Traité de climatologie médicale : comprenant la météorologie médicale et l'étude des influences physiologiques, pathologiques, prophylactiques et thérapeutiques du climat sur la santé,* Paris, 1877-1880, ouvrage à propos duquel Mahé écrit dans le Dechambre : *L'oeuvre de Lombard (de Genève) est digne des plus grands éloges, facile, élégante et érudite du médecin de Genève, les documents abondants prennent souvent un air de précision chiffrée, contre laquelle il faut se mettre en garde ... elle constitue un savant compendium de climatologie et de nosogéographie, qui fait autant d'honneur au talent qu'à l'érudition de son auteur.* Et c'est précisément sur ce point précis de l'aspect statistique et chiffré de son travail que Lombard rétorque par cette phrase qu'il tient du climatologue Alfred Borius (1837-1885) : *Si les chiffres ont leur éloquence, c'est un langage auquel tout le monde n'est pas habitué, tandis que leur représentation graphique parle aux yeux sans efforts et sans fatigue pour l'esprit : la lecture d'une carte, sans avoir la précision d'une description géographique, sera toujours préférée à la lecture de cette description.* L'ouvrage comprend de nombreux tableaux statistiques notamment sur la mortalité infantile.

Précurseur méconnu des applications de la méthode numérique à l'étude des populations, Marc d'Espine, est un médecin suisse d'origine savoyarde, dont la famille protestante s'implante à Genève en 1756. Son père, Jean, après la naissance de Marc, s'exile à Odessa en 1810, où il développe un commerce qui prospère. Mais, pour des raisons de santé, il quitte l'Ukraine pour Carqueiranne près d'Hyères. Le jeune Marc, resté en Suisse, suit une scolarité à Genève puis s'oriente vers la médecine. Il fait ses études médicales à Paris. Élève de Pierre Charles Alexandre Louis notamment, il partage sa passion pour la méthode numérique. Il soutient sa thèse en 1832 : *Comment un médecin doit-il penser ? Comment doit-il agir ?* On y trouve l'ébauche de ses futurs travaux statistiques : sa préoccupation essentielle est de régulariser et de perfectionner l'observation des pathologies et de préciser la validité de la thérapeutique qu'on leur applique par l'emploi des mathématiques, autrement dit, par le chiffrage, la mesure et le classement. Il rentre à Genève où il s'installe. Le Conseil d'État le désigne pour diriger le Service genevois de vérification des décès. Ce sera pour lui l'occasion de publier son premier ouvrage : *Essai statistique sur la mortalité du canton de Genève pendant l'année 1838 considérée tant en général que sous le rapport nosologique*, Paris, 1840. Dans ce livre, en étudiant respectivement les courbes des décès chroniques et des décès aigus, il constate que le maximum de mortalité par maladies aiguës se produit entre 1 et 3 ans et qu'inversement, les morts par maladies chroniques se voient entre 60 et 70 ans. Les affections aiguës se raréfient entre 20 et 40 ans pour croître à nouveau jusqu'à 70 ans puis décroître jusqu'à 90. Les décès par maladies chroniques sont plus fréquents entre 20 et 30 ans puis diminuent entre 40 et 50, pour remonter avec un maximum entre 60 et 70 ans. Il meurt d'une perforation gastrique en 1860, deux ans après la parution, en 1858, à Genève, de *L'Essai analytique et critique de statistique mortuaire comparée, renfermant les monographies étiologiques des accidents et de la plupart des maladies mortelles et expliquant les lois générales de la mortalité des peuples, par les influences combinées des diverses causes de mort.*

Etats-Unis : Alexander Hill Everett, John Shaw Billings, Charles Benedict Davenport

Alexander Hill Everett (1792-1847), ambassadeur des États-Unis, consacre à Malthus, en 1823, un ouvrage dans lequel il conteste sa théorie : *Après avoir mis hors de doute cette proposition fondamentale, que l'accroissement de population est une cause d'abondance, et non de disette, et dégagé cette vérité consolante des seules objections qui pussent l'empêcher de paraître dans tout son éclat, il n'était peut-être pas nécessaire de se livrer à des recherches sur la mesure précise de l'accroissement de l'espèce humaine, et sur les causes qui peuvent hâter ces progrès, ou les ralentir : mais comme ces questions sont intéressantes par elles-*

mêmes j'en ai parlé brièvement ... J'ai donc établi que non-seulement le système de M. Malthus n'est pas la vérité, mais qu'il est précisément tout le contraire de la vérité. Everett a beau jeu de démontrer que l'accroissement prodigieux des populations aux États-Unis va à l'encontre des doctrines malthusiennes car l'abondance dont jouissent ses habitants est parfaitement compatible avec la croissance démographique. Voici ce qu'en pense Achille Guillard en 1855 : *Un économiste anglais, dès le siècle passé, voyait déjà dans un avenir prochain, les nations moissonnées par la famine, ou prêtes à s'entre-dévorer, et pour prévenir cet affreux cataclysme, il s'ingéniait plaisamment à donner des conseils à l'humanité ; il l'exhortait à reproduire moins vite, comme si l'humanité avait des yeux pour lire, des oreilles pour entendre, comme si elle participait à la liberté morale des individus qui la composent, comme si elle ne roulait pas inévitablement sur le rail inflexible où Dieu a jeté le premier humain !*

Chirurgien et bibliothécaire, John Shaw Billings (1838-1913) dirige la division des statistiques de l'état civil du *US Census Office* et contribue à la compilation des statistiques des recensements de 1880 à 1890. Il imagine un système de cartes perforées qui permet un tri mécanique des données des recensements mais également de classement des ouvrages dans les grandes bibliothèques. Il est le créateur de *l'Index Medicus,* dont la publication a commencé en 1879, et l'auteur de : *On vital and medical statistics*, New York, 1889.

Charles Benedict Davenport (1866-1944) est le chef de file du mouvement eugénique américain qui a introduit cette pratique en Europe et particulièrement en Allemagne sous le régime nazi. Aux États-Unis, il est responsable de la stérilisation de 60000 individus considérés comme tarés génétiquement. Il contribue à la mise au point de méthodes graphiques et mathématiques biométriques appliquant des formules mathématiques facilitant la sélection et le dépouillement des faits observés, permettant la réalisation de statistiques très élaborées : *Statistical method, with special reference to biological variations*, New York, 1899.

Méthodes de publication

Deux démarches se partagent la présentation des publications : la méthode numérique et la méthode graphique :

Méthode numérique

La méthode numérique est précédée d'une introduction qui résume le contenu du travail et en précise le sens. Contrairement à ce qui se produisait dans le passé, où l'on publiait des tableaux de chiffres sans indiquer leur signification et leur portée, l'auteur est tenu désormais d'expliquer comment il a recueilli ces données, comment il va les utiliser, quelles applications il est licite d'en faire, les démonstrations auxquelles elles serviront d'assise. Il faut préciser dans cette entrée en matière l'historique, la législation, les institutions dont on utilise les tableaux numériques. Les méthodes d'investigation sont minutieusement décrites. Elles sont la condition incontournable pour affirmer leur authenticité. Il faut, dans l'hypothèse où l'étude ne porte que sur une seule année, effectuer un retour en arrière permettant la comparaison avec les années antérieures en précisant un éventuel changement de réglementation ou tout autre retournement pouvant modifier les résultats. Autre avantage de ce flash-back, épargner au chercheur de laborieuses investigations parfois vouées à l'échec. Certes, des rapprochements avec d'autres travaux identiques peuvent être envisagés, sachant que leur exactitude est souvent sujette à caution. La publication annuelle des documents est certes satisfaisante pour apaiser la curiosité des gouvernements et du public, mais elle se heurte au double problème du personnel compétent qu'il faut mobiliser et des crédits qu'il faut y consacrer. Par ailleurs, le ministère en exigeant la mise à jour annuelle de l'intégralité des documents, risque de provoquer une précipitation préjudiciable à leur rectitude. Compte tenu de l'homogénéité démographique de la France, il aurait été utile que les tableaux numériques de chaque circonscription soient récapitulés et disposés en regard de régions plus vastes ayant en commun plus de corrélations. Enfin, les statisticiens devraient éviter de modifier leurs questionnaires afin de ne pas rendre difficiles, voire impossibles les comparaisons avec des faits ou des évènements antérieurs.

Méthode graphique

C'est l'utilisation de cartes en couleurs indiquant par des teintes, des lignes, des points, les différences présentées par l'ensemble d'un pays ou par ses régions, en fonction de diverses durées (jour, mois, année), les évolutions variées des données numériques. On en étudie les rapports, les anomalies et l'on en recherche les causes. Mais la représentation la plus élémentaire du graphique statistique, c'est le diagramme à coordonnées rectangulaires ou orthogonales. Il est utilisé pour déterminer les positions des points terrestres à la surface du globe. Il permet de déterminer la trajectoire de différents mobiles appelés à se suivre ou à se croiser sur une même voie : ainsi en est-il de la marche des trains. On place en abscisse horizontale le temps et en ordonnée verticale le fait dont on désire décrire les variations. Les points ainsi déterminés sont réunis par des lignes. On peut aussi dessiner une suite de gradins horizontaux pour montrer que les ordonnées sont des moyennes par unité de temps. De toute façon, ces diagrammes, qu'ils soient constitués par des échelons successifs ou par une courbe continue, reflètent la relation entre deux variables qui dépendent l'une de l'autre. L'aire comprise entre la courbe et l'abscisse figure l'intensité d'un phénomène ou d'un événement qu'il faut mesurer et qui correspond au produit de deux variables. Ainsi, dans les graphiques représentant les mouvements annuels d'importation et d'exportation, l'aire de la courbe représente la somme totale des échanges pendant la durée considérée. On ne s'en tient pas en général à un seul graphique mais on en superpose plusieurs sur un seul diagramme. On peut ainsi mettre en évidence des relations importantes et surprenantes en faisant figurer côte à côte la mortalité, les mariages, ou le prix du pain, les salaires et le montant des dépôts à la caisse d'épargne. Mais il faut se garder de surcharger un diagramme. Il doit rester simple et démonstratif, accompagné d'une légende concise.

Les coordonnées polaires sont également employées en statistique : les ordonnées ne sont plus parallèles entre elles et perpendiculaires aux abscisses mais convergent vers un même centre. Cette méthode est adaptée pour exprimer une suite d'évènements en relation à l'heure dans la journée ou à la saison dans l'année.

S'il faut représenter un événement dans diverses parties d'une région, le diagramme est insuffisant et il faut recourir au cartogramme. Il connaît quatre emplois différents :

- on construit sur chaque point qu'on veut mettre en évidence, un diagramme spécial représentant pour la région désignée la loi des phénomènes dans l'espace et le temps.
- on représente un mouvement en dessinant une bande dont la largeur est proportionnelle au tonnage transporté.
- on colorie les cartogrammes proportionnellement au nombre de faits accomplis par des groupes différents, soit monochromes, soit avec deux ou plusieurs couleurs.
- on crée des cartogrammes à courbes de niveau qui présentent une analogie avec les courbes de niveau topographiques, et qui peuvent exprimer la hauteur d'un terrain par rapport au niveau de la mer.

August, Friedreich, W. Crome, *Neue Karte von Europa welche die merckwürdigsten Producte und vornehmsten Handelspläze nebst dem Flächen-Inhalt aller Europäischer Länder in deutschen Quadrat-Meilen enthält*, 1782 : première carte économique de l'Europe, les codes sur la carte localisant les zones de production.

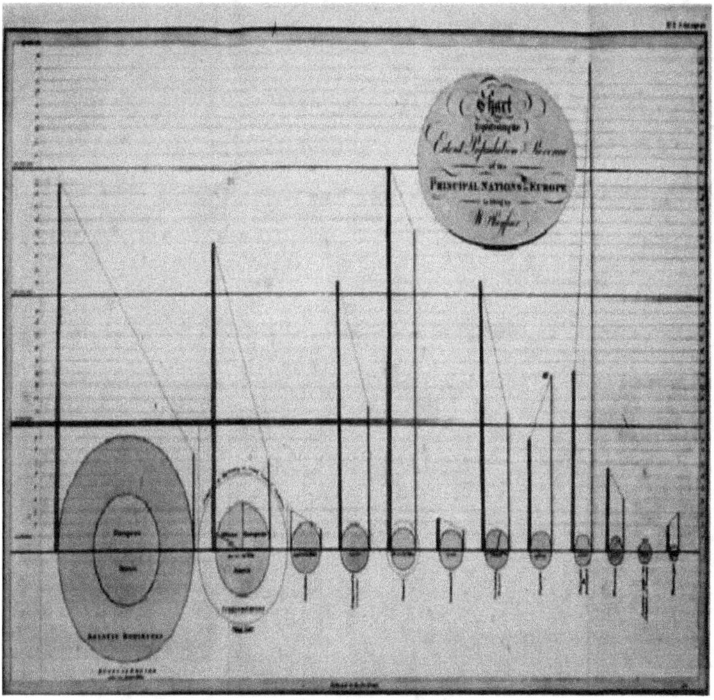

William Playfair, *Elémens de statistique, où l'on démontre, d'après un principe entièrement neuf, les ressources de chaque Royaume, Etat, République de l'Europe ; suivis d'un état sommaire des principales Puissances et Colonies de l'Indostan,* Paris, An XI-(1802).

-Les cercles représentent le pays dont le nom est gravé au-dessous, et tous sont placés dans le rang qu'ils doivent occuper suivant leur superficie.

-Les lignes en rouge à gauche d'un pays expriment le nombre de millions d'habitants, mesuré sur l'échelle qui s'étend de droite à gauche de chaque division ; chaque ligne est un million, ainsi qu'on l'a marqué à l'extrémité des lignes.

-Les lignes en jaune sur la droite de chaque pays représentent le revenu en livres sterling de la population.

-Les nations, représentées en vert, sont les puissances maritimes.

-Les nations, représentées en rouge pâle, sont les puissances de terre.

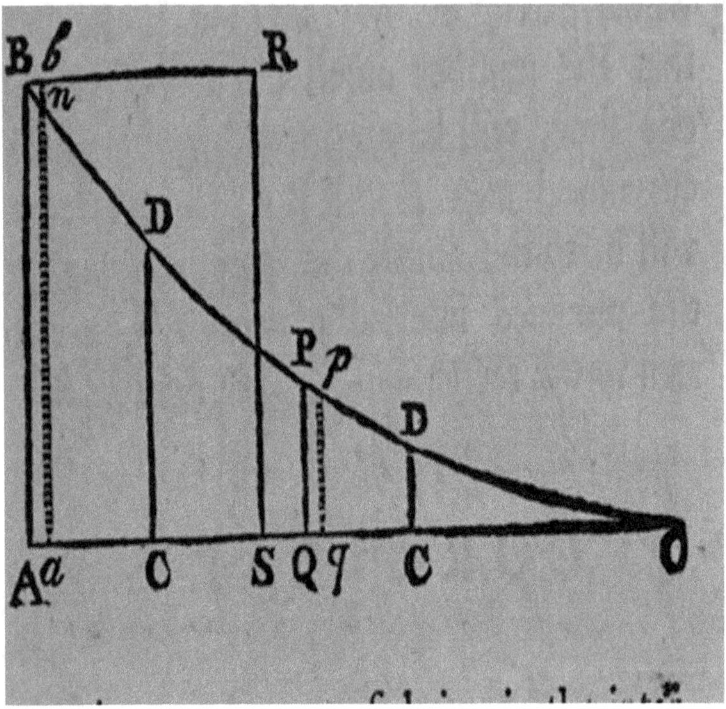

Simpson, *The doctrine of annuities and reversions deduced from general and evident principles with useful tables shewing the values of single and joint lives, & at different rates of interest to which is added a method of investingating the value of annuities by approximation, without the help of tables, the whole explain'd in a plain and simple manner, and illustrated by great variety of examples*, Londres, 1762.

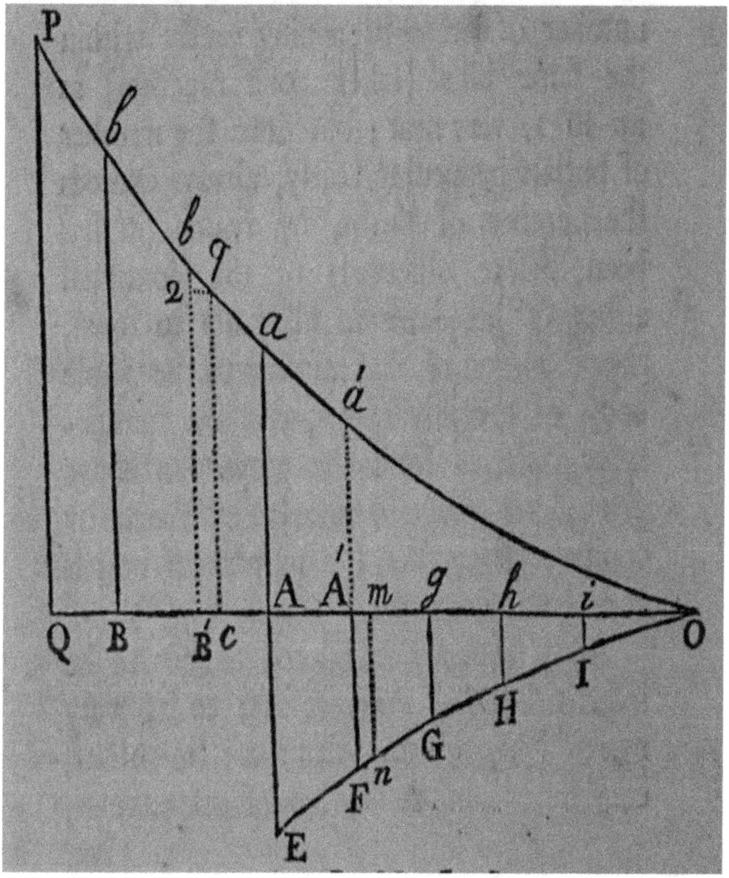

La méthode de Simpson réunit trois points successifs d'une courbe et substitue à l'arc de courbe passant par ces trois points, un arc de parabole pour évaluer l'aire sous la courbe : *The doctrine of annuities and reversions deduced from general and evident principles with useful tables…*, Londres, 1762.

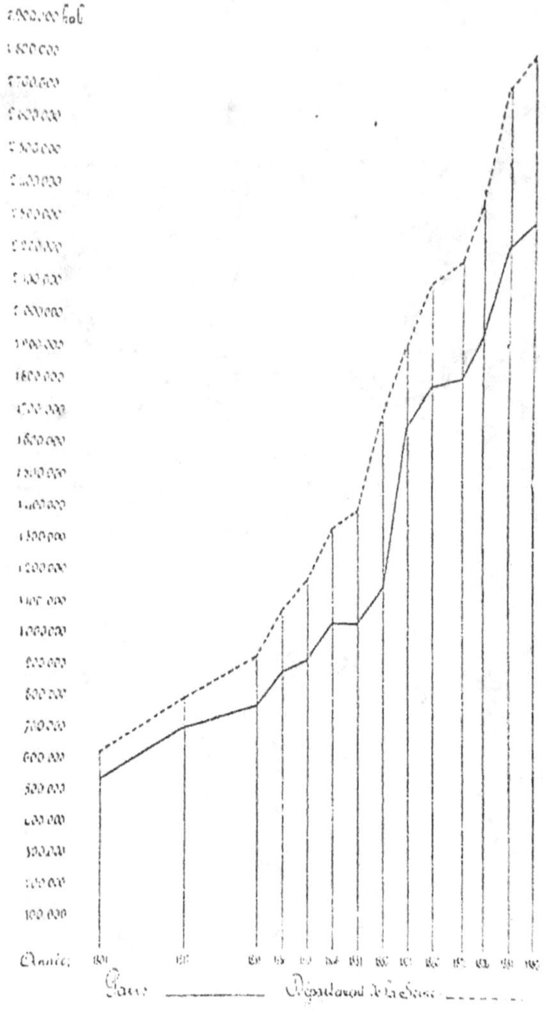

Diagramme de l'augmentation de la population de Paris de 1801 à 1886 (Bertillon Jacques), *Cartogrammes et diagrammes relatifs à la population parisienne et à la fréquence des principales maladies à Paris pendant la période 1865-1887.*

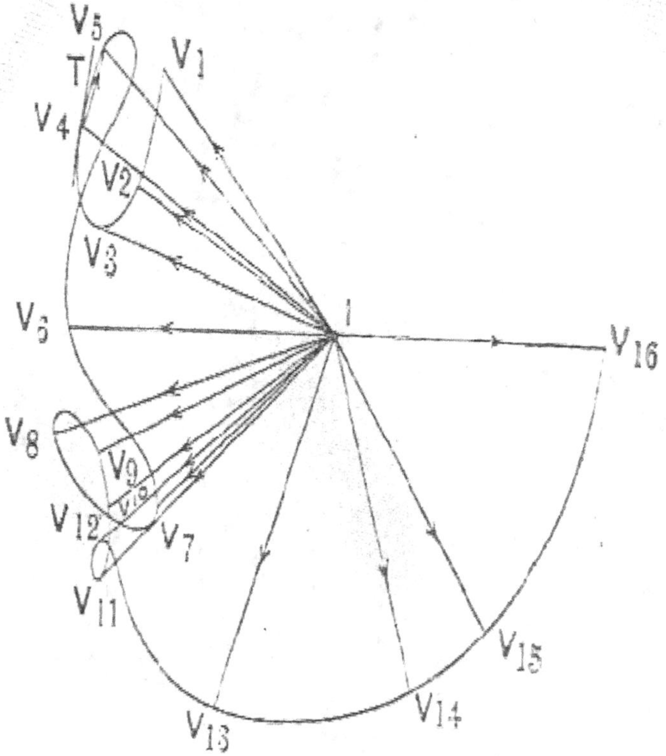

Fig. 12.

Représentation hodographique (coordonnées polaires) du diagramme des vitesses d'un train : Pearson Karl, *La grammaire de la science. La physique ... traduit sur la troisième édition anglaise par Lucien March…*, Paris, 1912.

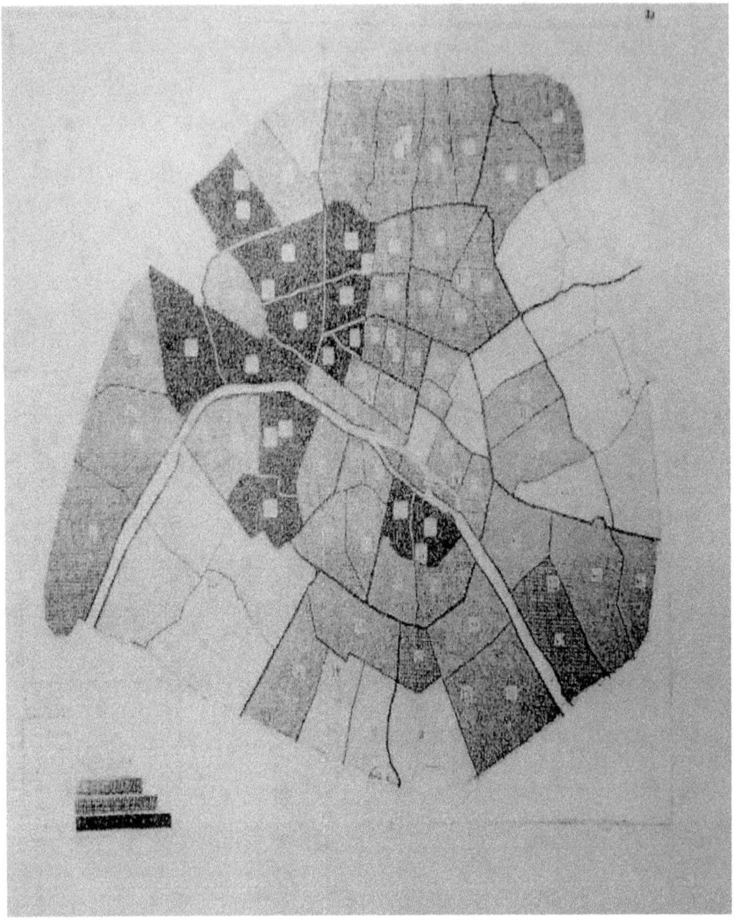

Cartographie des lieux de naissance des habitants de Paris : Bertillon Jacques, *Cartogrammes et diagrammes relatifs à la population parisienne*... Paris, 1889.

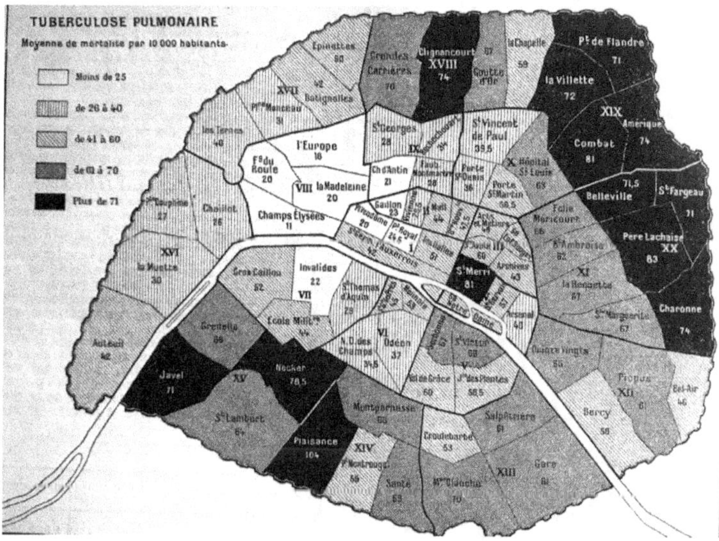

P. Brouardel, Mortalité par tuberculose à Paris : *Mortalité par tuberculose en France, commission chargée de rechercher les moyens de combattre la propagation de la tuberculose, exposé de la question par ...*, Melun, 1900.

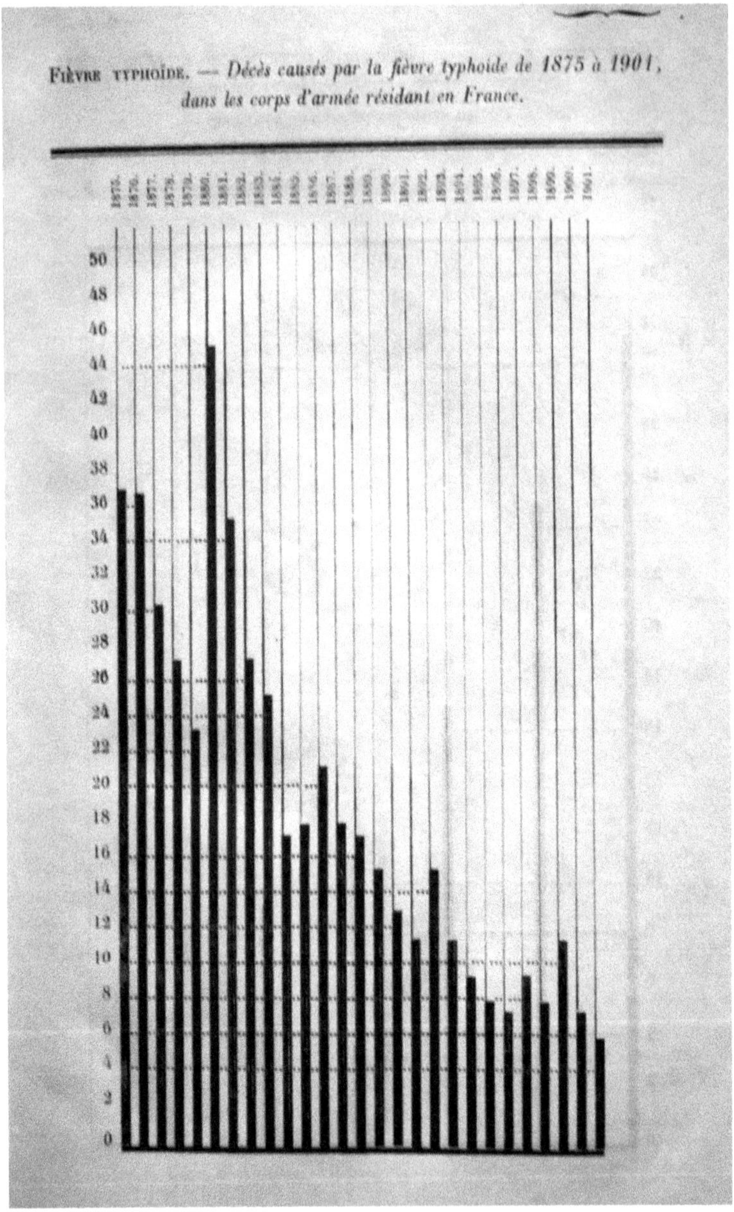

P. Brouardel, *La fièvre typhoïde dans les garnisons de France …* Paris, 1906.

STATISTIQUE. 193

ANNÉE 186 — N°

BULLETIN STATISTIQUE.

CHIRURGIE.

Salle

Service de M. le docteur

N° DU LIT : *Ho*

Nom et prénoms du malade :

Sexe : Age : État civil : Profession :

Lieu de naissance : Domicile :

Date de l'entrée : *Date de la sortie :* *Date du décès :*

VACCINÉ.	REVACCINÉ		NON VACCINÉ.	VARIOLÉ.
—	AVEC SUCCÈS.	SANS SUCCÈS.	—	—
	—	—		

DIAGNOSTIC. { Nom de la maladie.....	
Siége..............	
Variétés............	
Date du début de la maladie............	
Accidents et complications	
Maladies intercurrentes.................	
OPÉRATIONS. { Date de l'opération...............	
Nature de l'opération..............	
Siége précis de l'opération..........	
Sans anesthésie................	
Anesthésie par le chloroforme.......	
Anesthésie par l'éther...............	
Anesthésie par d'autres moyens......	
Accidents consécutifs à l'opération. ..	
Opérations antérieures...............	
ÉTAT A LA SORTIE. { Guérison	
Amélioration.	
État stationnaire......	
Aggravation.........	
MORT..........................	
Autopsie cadavérique faite ou non faite.....	

Observations particulières.	LE CHEF DE SERVICE,

Bulletin statistique chirurgical, Tardieu, *Dictionnaire d'hygiène,* **4**, Paris, 1862.

Conclusion

C'est un lieu commun que d'affirmer que la statistique a commencé à Sumer et que son seul objectif était de tenir la comptabilité des paysans et des commerçants. Elle a présidé à l'apparition de l'écriture. Peu à peu, celle-ci permet la rédaction de contrats, de règlements, de lois favorisant la tenue de cadastres, l'emploi de règles opératoires arithmétiques dans le calcul des surfaces et dans les relevés astronomiques prévisionnels. Tout cela étant élaboré dans une perspective fonctionnelle. D'Aristote à Thomas d'Aquin, les dénombrements sont systématiques et récapitulent taxes, impôts, effectifs administratifs et militaires, enfin toutes les ressources qui font vivre la cité. En Chine, 20 siècles av. J.-C., on comptabilise les récoltes et en Égypte, 17 siècles av. J.-C., on sévit contre ceux qui ne remplissent pas leur devoir de contribuable ! Au quatrième siècle av. J.-C., un ministre indou décrit les méthodes de recensement des populations et enfin les Incas évaluent les récoltes grâce aux cordelettes nouées et coloriées de leurs quipus. Mais l'établissement du cadastre reste une étape cruciale de l'avènement des statistiques. Tout commence en Chaldée avec les Sumériens et les Babyloniens comme en témoignent les tablettes portant un plan, une description de terrains de la cité de Dunghi en Mésopotamie. En Égypte, on l'a vu à l'instant, Sésostris établit une division des terres selon leur superficie pour établir l'impôt foncier. Entre le 16e et le 14e siècle av. J.-C., en Italie, un plan gravé dans la pierre montre les rivières, les canaux et les voies de communication terrestres. En 1200 av. J.-C., en Israël, Josué dresse un cadastre qui permet la répartition des territoires entre les tribus. Entre 700 et 535 av. J.-C. des cadastres existent en Lucanie puis en Étrurie. Sous le règne d'Auguste (63 av. J.-C.-14 après J.-C.), le cadastre est établi en Gaule. Théodose I le Grand, en 380 après J.-C., établit un registre dans lequel les propriétaires déclarent la superficie, les caractéristiques de leur patrimoine. Au Japon au 6e siècle, on inaugure des répertoires de l'état civil et des renseignements sur la superficie et le prix des propriétés foncières. En Inde, en l'an 1000, on dresse l'inventaire de la surface et de la valeur des terrains. En France, des tentatives réitérées de la royauté pour établir un cadastre ont lieu au 14e et au 15e siècle, notamment sous Charles V, qui l'établit par pièces de terre : cadastre parcellaire.

À la même époque, la Chine recense sa population et dresse un cadastre général. De la Renaissance à la Révolution, les plans cadastraux se succèdent de l'Europe (Florence en 1427) au Moyen-Orient (Iran 1467), à l'Asie (Vietnam en 1599). En Europe citons ceux de Montauban en 1664, de Lausanne en 1670, de Prusse, de Catalogne, de Savoie, de Bâle et de Sicile au XVIIIe siècle. Le premier Empire, avec Chaptal, rétablit le cadastre que Louis XIV, Colbert et Vauban avaient ébauché, et en fait un instrument administratif, fiscal et juridique. La troisième république s'attèle tardivement à son renouvellement, en 1892, alors que les autres états modernes, l'avaient déjà adopté en faisant non seulement un outil administratif fiscal, social, politique et juridique mais également prévisionnel.

Il y a conflit potentiel mais inéluctable entre la pensée aristotélicienne qui dénie toute possibilité de démonstration pour ce qui est incertain, les définitions étant éternelles comme les démonstrations dont elles représentent un aspect, et la statistique par conséquent est une transgression anti-aristotélicienne. En effet, seule l'induction permet d'accéder à l'universel en remontant du particulier à des propositions plus générales, si l'on en croit le très aristotélicien Thomas d'Aquin qui distingue les vérités accessibles à la seule raison de celles de la foi qui sont acceptation sans réserve de la parole céleste. Il est vrai que la divine providence ayant l'apanage de la détention des clefs du futur, les prévisions humaines sur celui-ci sont des sacrilèges. Car Yahvé se réserve le privilège de dénombrer les enfants d'Israël et de faire très prosaïquement l'inventaire de leurs biens. Quand David, inspiré par Satan, prend l'initiative impie d'un recensement du peuple saint, Dieu courroucé envoie la peste frapper la population. Pour se faire pardonner, David décide alors la construction du temple dédié à Yahvé !

Pascal en écrivant un traité tout à fait nouveau au titre subversif *Aleae Geometria*, explore pour la première fois le rôle de la distribution *du coup de dé* dans les jeux de hasard. Fermat introduit le calcul des probabilités. Ils sont à l'origine d'une véritable mutation des mentalités dans la façon d'explorer la création : désormais la loi des grands nombres s'imposera aux chercheurs.

Les progrès obtenus par le perfectionnement des instruments d'exploration mis à la disposition du chercheur en physique, en chimie et en biologie permettent des progrès prodigieux dans la connaissance du monde qui nous entoure. La médecine a profité et profite encore de ces avancées. Mais, rapidement, à mesure que son domaine s'agrandit, la nécessité de chiffrer toutes ces données s'impose notamment dans le champ des tables de mortalité, des résultats d'une thérapeutique, de la recherche d'une étiologie. En substituant à l'analyse sur des faits isolés la méthode d'analyse sur des faits groupés, la statistique isole un seul effet confondu avec une multitude d'autres. Au lieu d'isoler l'objet d'étude, elle effectue un regroupement d'un grand nombre de phénomènes qu'elle classe en relation avec une unique propriété. Ainsi arrive-t-elle à l'amplifier et à maîtriser les éléments exogènes au problème concerné. Cette *neutralisation des problèmes dissidents*, pour reprendre les mots de Bertillon, a été un des objectifs de Gavarret, de Cournot, de Poisson.

Casimir Broussais affirme, et nous sommes en 1840, à une époque où la numération avec virgule et l'adoption du système métrique sont admises en France et en Europe, à l'exception de l'Angleterre : *La statistique est désormais un des instruments indispensables de la méthode expérimentale ou d'observation en médecine ... La statistique en médecine est donc nécessaire, inévitable ; son application est urgente, car il faut accumuler des faits, mais des faits bien observés c'est-à-dire bien diagnostiqués, bien précisés. Que l'on ne perde pas de temps car pendant que l'on hésite, les faits passent sur cette scène mobile de la pathologie et ne reviennent plus. D'autres leur succèdent, il est vrai, mais il faut qu'une science cherche son bien sans relâche et partout où il se trouve, car peut-être le fait qu'elle a laissé passer aujourd'hui inaperçu, ne se retrouvera plus.* À la veille du XXe siècle, époque choisie pour arrêter cette étude, la statistique est encore l'apanage des démographes. Les progrès de la médecine, surtout dès l'ère pastorienne, non seulement provoquent un allongement de la durée de vie et diminuent la mortalité infantile, mais étayent les dénombrements étiologiques pathologiques par des références scientifiques rigoureuses. De surcroit, après le coup d'état de 1852 de Louis Napoléon Bonaparte, des médecins socialistes comme Guillard et Bertillon inspirés par Proudhon, adeptes de Condorcet et de Rousseau, qui avaient voulu créer des commerces économiques, seront arrêtés pour leurs idées jugées subversives sur la société.

Les statisticiens de la fin du XIXe siècle sont devenus des enquêteurs qui apportent à l'état des éléments utilitaires et emblématiques. Leurs effectifs tant parmi les théoriciens chercheurs que parmi les fonctionnaires chargés de faire vivre les institutions qui les recrutent, croissent considérablement. Les états féodaux meurent et sont remplacés par des états nations centralisés, industrialisés, capitalistes, linguistiquement homogènes. Le rationalisme né au siècle des Lumière triomphe. L'individualisme est également stimulé par les conquêtes sociales, économiques, initiées par 1789, concrétisées par le Code civil napoléonien. Enfin la création des bureaux de statistique, la mise en place sous l'égide du ministère de l'Intérieur et du gouvernement, d'une commission centrale et de sociétés de statistique assurent en principe la cohérence des estimations de ces différentes institutions. Entre scientifiques et bureaucrates, ce n'est pas toujours l'entente cordiale et les compromis ne sont pas toujours aisés à obtenir. Cependant, on admettra que la statistique mathématique qui a pour but de mettre en évidence et de rendre compte des lois d'occurrence de faits grâce à des outils mathématiques perfectionnés, si elle est honnêtement élaborée rendra de grands services. Mais l'outil des grands nombres peut se révéler un redoutable instrument de pistage et de répression s'il est livré sans précautions à des gouvernants dépravés ou seulement adeptes d'idéologies totalitaires, ou les deux à la fois, ou bien encore à des scientifiques dévoyés.

Gouraud s'émerveille dans la conclusion de son *Histoire du calcul des probabilités depuis ses origines jusqu'à nos jours,* Paris, 1848 et affirme : *Sur ces fondements, l'étrange mathématique conçue par Condorcet, tous les jours, sous nos yeux, s'élabore et s'élève, et déjà des traités où l'économie se mêle à l'analyse offrent à l'étonnement public des tableaux inouïs, où, pour parler un moment l'expressif langage des novateurs, le budget de la moralité future des peuples, le contingent comparatif de crimes et de vertus, que d'après l'expérience de leur passé, ils doivent à l'histoire de leur avenir, est d'avance exposé aux regards des contemporains. C'est vers ces perspectives inconnues que le calcul des probabilités tourne aujourd'hui ses espérances. Conclusion admirable, sans doute, des travaux d'une science dont une difficulté de jeu fut le berceau, et qui, en deux siècles à peine, s'est élevée du néant de son origine à la grandeur de pareille entreprise. S'il est dans l'histoire de nos connaissances un endroit d'où le philosophe se puisse donner dans toute son étendue le spectacle de la puissance, de la fécondité et de l'ambition sans limite de la pensée de l'homme, c'est assurément de ce fait des merveilleuses annales que nous venons de raconter.*

Ambroise Tardieu (1818-1879) renchérit et, en 1862, manifeste dans son *Dictionnaire d'hygiène publique et de salubrité* un enthousiasme confiant dans l'avenir de la méthode numérique : *Les nombres sur lesquels nous allons opérer sont grands ; mais quelle ne serait pas leur puissance s'ils venaient s'ajouter à des nombres bien plus considérables recueillis à de longues distances, sous des climats divers, et cependant réunis comme les feuillets d'un même ouvrage, pour procurer aux hommes laborieux un vaste champ d'observations fécondes. Si mes prévisions se réalisent, le corps médical de Paris possèdera dans peu d'années, au chef-lieu de l'administration, la statistique des principaux hôpitaux d'Europe, et les savants praticiens de l'étranger pourront à leur tour, par un échange confraternel, consulter avec fruit les faits recueillis par nos soins et par les hommes qui nous suivront dans la voie où nous nous engageons avec confiance. La perspective de pareils résultats est bien propre à faire cesser les hésitations de ceux qui doutent encore ; elle doit encourager nos efforts, stimuler notre zèle. Aussi je pense que, quelle que soit la chaleur des convictions individuelles sur la portée scientifique des dépouillements statistiques qui vont être opérés, il n'y aura parmi les médecins et chirurgiens des hôpitaux qu'une seule opinion, lorsqu'il s'agira de coopérer à une œuvre dont les hommes les plus instruits et les plus consciencieux proclament la haute utilité. Il est de l'honneur du corps médical, comme de l'administration, d'en assurer l'exécution la plus parfaite, et de prouver encore une fois que notre pays sait concevoir fortement et poursuivre avec persévérance les entreprises qui ont pour but l'avancement de la science et le bien de l'humanité.*

L'esprit critique et la statistique non seulement sapaient les assises de l'ancienne thérapeutique mais détruisaient les systèmes théoriques de la médecine classique … Paradoxalement, de ce nihilisme thérapeutique et clinique, naîtront l'homéopathie et le *broussaisisme* !

De toute façon, il ne faudra jamais se soumettre aveuglément à l'éventuelle tyrannie des statistiques ! Et n'oublions pas ce qu'en disait Armand Trousseau dans l'introduction de sa *Clinique médicale de l'Hôtel Dieu de Paris* en 1861-1862 : *Cette méthode est le fléau de l'intelligence ; elle fait du médecin un agent comptable, serviteur passif des chiffres qu'il a superposés et le plus grand reproche que je lui fasse, c'est d'étouffer l'intelligence médicale.*

Bibliographie

Arbuthnot John, Argument for divine providence taken from the constant regularity observed in the births of both sexes, *Philosophical transactions*, 1712.

Aristote, *La politique ... L'économique ... Lettre à Alexandre ...*, Paris, 1843.

Armatte Michel, Invention et intervention statistiques. Une conférence exemplaire de Karl Pearson, *Politix* vol. 7, n°25, 1er trimestre 1994.

Ballexserd Jacques, *Dissertation sur les causes principales de la mort d'un aussi grand nombre d'enfants, et quels sont les préservatifs les plus efficaces & les plus simples pour leur conserver la vie*, Genève, 1775.

Barles Sabine, La climopathologie aux XVIIIe et XIXe siècles, *Les Annales de la recherche urbaine*, **61,** 1993, 19-26.

Bérard Frédéric, *Discours sur les améliorations progressives de la santé publique par l'influence de la civilisation*, Paris, 1826.

Bernouilli Jacques, *L'art de conjecturer traduit du latin de Jacques Bernouilli, avec des observations, éclaircissements et additions par L.G.F. Vastel, membre du lycée et de la Société d'agriculture et de commerce de Caen*, Caen, An X-1801.

Bertillon Louis Adolphe, Statistique des causes de décès, Considérations sur la lettre du ministre de l'Agriculture, du commerce et des travaux publics à l'Académie de médecine, *Union médicale,* 4, 6, 8 novembre 1856.

Bertillon Louis Adolphe, *Conclusions statistiques contre les détracteurs de la vaccine, précédées d'un essai sur la méthode statistique appliquée à l'étude de l'homme*, Paris, 1857.

Bertillon Louis Adolphe, *Etudes statistiques de géographie pathologique, recherches et conclusions statistiques sur la mortalité comparée par phthisie pulmonaire dans le canton de Genève, en*

Angleterre, en Belgique et dans quelques villes de France et sur la mortalité phthisique des armées de terre et des marins, Paris, 1862.

Bertillon Jacques, La statistique des causes de décès dans les grandes villes de France, centralisée au ministère du commerce, *Revue d'hygiène et de police sanitaire*, **7**, 1885, 903-919.

Bertillon Jacques, *Cartogrammes et diagrammes relatifs à la population parisienne et à la fréquence des principales maladies à Paris pendant la période 1865-1887, Envoyé à l'Exposition Universelle de 1889 par le Service de Statistique Municipale de la Ville de Paris*, Paris, 1889.

Bertillon Jacques, *Compte rendu sommaire des travaux scientifiques du Dr. Jacques Bertillon,* Paris, 1892.

Beurmann L. de, *Recherches sur la mortalité des femmes en couches dans les hôpitaux. Statistiques de l'hôpital Lariboisière 1854-1878 et de l'hôpital Cochin 1873-1877,* Paris, 1879.

Blanqui Louis Auguste, *Histoire de l'économie politique depuis les anciens jusqu'à nos jours,* Paris, 1860.

Bodin Jean, *Les six livres de la république*, Paris, 1576.

Bouckaert André, Le docteur John Arbuthnot, inventeur des tests statistiques, *Histoire des sciences médicales*, 1996, **30**, 459-466.

Boudin, *Traité de géographie et de statistiques médicales et des maladies épidémiques*, Paris, 1857.

Bouillaud Jean-Baptiste, *Traité pratique, théorique et statistique du choléra morbus de Paris appuyé sur un grand nombre d'observations recueillies à l'hôpital de la Pitié*, Paris, 1832.

Bouillaud Jean-Baptiste, Essai *sur la philosophie médicale et les généralités de la clinique médicale,* Paris, 1836.

Bravais Auguste, Analyse mathématique sur les probabilités des erreurs de situation d'un point, extrait du tome IX des Mémoires présentés par divers savants à *l'Académie royale des sciences,* Paris, 1844.

Brion de la Tour Louis, *Tableau de la population de la France avec les citations des auteurs au nombre de soixante-douze, qui ont écrit sur cette partie de la statistique, relativement à la France seule : suivi d'un tableau de l'étendue quarrée des généralités du royaume ; avec une carte divisée par gouvernements généraux et par Généralités*, Paris, 1789.

Brouardel P., *Mortalité par tuberculose en France, commission chargée de rechercher les moyens de combattre la propagation de la tuberculose, exposé de la question par ...*, Melun, 1900.
Brouardel P., *La fièvre typhoïde dans les garnisons de France ...*, Paris, 1906.
Broussais F.J.V., *Cours de pathologie et de thérapeutique générale,* Paris, 1834.
Broussais, Casimir, *De la statistique appliquée à la pathologie et à la thérapeutique*, thèse pour le concours pour la chaire de pathologie interne, Paris, 1840.
Bru Bernard, Estimations laplaciennes, *Statistiques et analyse des données*, **13**, n°2, 1988, 3-42.
Buffon, *Œuvres complètes de ... avec la nomenclature linnéenne et la classification de Cuvier revues sur l'édition in-4° de l'Imprimerie Royale et annotées par M. Flourens ...*, **12**, Paris, 1855.
Cadet de Gassicourt, Considérations statistiques sur la santé des ouvriers, *Mémoires de la Société médicale d'émulation*, Paris, 1817, **8**, 160-174.
Chabert Jean-Luc, Gauss et la méthode des moindres carrés, *Revue d'histoire des sciences*, **42**, 1-2, 1989, 5-26.
Chaptal, *De l'industrie françoise*, Paris, 1819.
Cheysson E., *Album de statistique graphique*, Paris, 1889.
Civiale Jean, *Traité de l'affection calculeuse ou recherches sur la formation, les caractères physiques et chimiques, les causes, les signes et les effets pathologiques de la pierre et de la gravelle suivies d'un essai de statistique sur cette maladie avec cinq planches*, Paris, 1838
Comiti Vincent-Pierre, Éléments historiques de l'utilisation de la méthode statistique en médecine, *Histoire des sciences médicales*, 1979, 13, 121-130.
Condillac, *Œuvres complètes* **4**, *Le commerce et le gouvernement*, Paris, 1821.
Condorcet, *Essai sur l'application de l'analyse à la probabilité des décisions rendues à la pluralité de voix*, Paris, 1785.
Cournot A.-A., *Essai sur les fondements de nos connaissances et sur les caractères de la critique philosophique*, Paris, 1851.
Daumas Maurice, *Histoire de la science*, Encyclopédie de la Pléiade, Paris, 1963.

Dechambre Amédée (dir.), *Dictionnaire encyclopédique des sciences médicales,* série 3, **11**, 531-617, SPE-STE, Paris, 1883.
Deparcieux Antoine, *Essai sur les probabilités de la durée de la vie humaine d'où l'on déduit la manière de déterminer les rentes viagères tant simples qu'en tontine, précédé d'une courte explication sur les rentes à terme, ou annuités, et accompagné d'un grand nombre de tables*, Paris, 1746.
Desrosières Alain, Masses individus, moyennes : la statistique sociale au XIXe siècle, *Hermès, La Revue,* 1988/2, **2**, 41-66.
Desrosières Alain, *La politique des grands nombres. Histoire de la raison statistique*, Paris, 1993.
Dhombre Nicole, Dhombre Jean, *Naissance d'un nouveau pouvoir : sciences et savants en France 1793-1824*, Paris, 1989.
Diderot, d'Alembert, *Encyclopédie ou dictionnaire raisonné des sciences, des arts et des métiers, par une société de gens de lettres*, Paris, **1**, juin 1751 ; Paris, **4**, octobre 1754 ; Paris, **17**, décembre 1765.
Dictionnaire des sciences médicales, **52**, 487-496, Paris, Panckouke, 1821.
Drolet Michael, Michel Chevalier, précurseur de l'Europe moderne ? La vie des idées, novembre 2018, trad. de l'anglais par Ophélie Siméon.
Dupâquier Jacques et Michel, *Histoire de la démographie*, Paris, 1985.
Dupâquier Michel, *Démographie*, Paris, 2001.
Durkheim Emile, *Le suicide étude sociologique*, Paris, 1897.
Duvillard Emmanuel Etienne, *Analyse et tableau de l'Influence de la petite vérole sur la mortalité à chaque âge et de celle qu'un préservatif tel que la vaccine peut avoir sur la population et la longévité*, Paris, 1806.
Euler, Recherches générales sur la mortalité et la multiplication du genre humain, *Mémoires de l'académie royale des sciences et belles-lettres de Berlin,* **16**, 1767.
Everett Alexander H., *Nouvelles idées sur la population avec des remarques sur les théories de Malthus et de Godwin*, Paris, 1826.
Expilly J.-J., *Tableau de la population de la France, signé à Nice le 8 janvier 1780.*
Farr William, Vital statistics. In McCulloch J.R., *A statiscal account of the British Empire*, Londres, 1839, **2**, 521-590.

Farr William, *Report to the registrar-general on the international statistical congress held at Vienna in 1857.*
Farr William, English life table. Tables of life-times, annuities, and premiums. With an introduction by William Farr, Londres, 1864.
Farr William, *Vital statistics. A memorial volume of selections from the reports and writings of William Farr*, Londres, 1885.
Fénelon, *Œuvres ... Télémaque*, Paris, 1864.
Fénelon, *Œuvres diverses ... Dialogue sur l'éloquence ; discours pour le sacre de l'électeur de Cologne ; sermon sur la vocation des gentils ; examen de conscience sur les devoirs de la royauté ; aventures d'Aristonoüs ; lettre à l'Académie française ; etc., etc.*, Paris, 1824.
Fénelon, *Directions pour la conscience d'un roi ou examen de conscience sur les devoirs de la royauté ...*, Paris, 1825.
Galton Francis, *A descriptive list of anthropometric apparatus : consisting of intruments for measuring the chief physical apparatus of the human body ...*, Cambridge, 1887.
Gasté Léonard F., *Du calcul appliqué à la médecine comme complément de la théorie, des faits et des raisonnements sur lesquels doivent être fondées la pathologie, la thérapeutique et la clinique*, Montpellier, Paris, 1838.
Gauss Carl Friedrich, *Méthode des moindres carré, mémoires sur la combinaison des observations*, Paris, 1855.
Gavarret J., *Principes généraux de statistique médicale ou développement des règles qui doivent présider à son emploi*, Paris, 1840.
Girardeau. La statistique, miroir de l'histoire, *économie et statistique*, n°83, novembre 1976. 3-17.
Gouraud Charles, *Histoire du calcul des probabilités depuis ses origines jusqu'à nos jours,* Paris, 1848.
Graunt John, *Natural and political observations mentionned in a following index, and made upon the bills of mortality*, Londres, 1662.
Grmek Mirko, Drazen, Géographie médicale et histoire des civilisations, *Annales,* 1963, **18-6**, 1071-1097.
Guerreau Alain, *Statistiques pour historiens*, Éditions en ligne de l'École des chartes, 2004.
Guerry J.M., Statistique comparée de l'état d'instruction et du nombre des crimes, *La revue encyclopédique*, août 1832.

Guillard Achille, *Éléments de statistique humaine ou démographie comparée où sont exposés les principes de la science nouvelle, d'après les documents les plus authentiques, l'état, les mouvements généraux et les progrès de la population dans les pays civilisés*, Paris, 1855.
Halbwachs Maurice, *La théorie de l'homme moyen, essai sur Quetelet et la statistique morale*, Paris, 1913.
Halley Edmund, An estimate of the degrees of mortality of mankind drawn from curious tables of the births and funerals at the city of Breslaw, *Philosophical Transactions*, 1693, **17**, 596-610.
Heberden William, *A collection of the yearly bills of mortality, from 1657 to 1758 inclusive. Together with several other bills of an earlier date*, Londres, 1759.
Horvath Robert A., Le développement de l'école de statistique descriptive allemande (Une synthèse de l'histoire scientifique en statistique), *Acta universitatis szegediensis de Attila Jozs nominatae…*, XXVIII, 7, Szeged, 1981.
Huygens Christiaan, *Œuvres complètes ..., publiées par la société hollandaise des sciences*, 14, La Haye, 1920.
Jaÿ François, *Le système physiocratique et sa critique par Adam Smith*, Lyon, 1905
Körösi Josef von, *Plan einer Mortalitäts-Statistiks für Grossstädte*, Vienne, 1873.
Körösi Josef von, *Projet d'un recensement du monde*, Paris, 1881.
La Michodière Jean-Baptiste-François, *Recherches sur la population des généralités d'Auvergne, de Lyon, de Rouen, et de quelques provinces et villes du royaume, avec des réflexions sur la valeur du bled tant en France qu'en Angleterre depuis 1674 jusqu'en 1764*, Paris, 1766.
Laplace Pierre Simon, *La théorie analytique des probabilités*, Paris, 1812.
Laplace Pierre Simon, *Essai philosophique sur les probabilités*, Paris, 1814.
Laplace Pierre Simon, *Œuvres complètes ... publiées sous les auspices de l'Académie des sciences ...*, Paris, **11**, 35-48, 1895.
Laveran Ch., Louis, Alphonse, article *Choléra*, Dechambre, *Dictionnaire encyclopédique des sciences médicales*, 1ére série, **16**, 738-887.
Lebeau Auguste, *Condillac économiste*, Paris, 1903.

Leboutte René, In memoriam : Roger Mols (1909-1986), *Annales de démographie historique*, 1987, 5-7.
Lecuir Jean, Criminalité et moralité : Montyon, statisticien du parlement de Paris, *Revue d'histoire moderne et contemporaine*, **21**, 3, juillet-septembre 1974, 445-493.
Legendre Adrien-Marie, *Essai sur la théorie des nombres*, Paris, an VI.
Legendre, Adrien-Marie, *Nouvelles méthodes pour la détermination des orbites des comètes*, Paris, An XIII, 1805.
Legoyt Alfred, *L'émigration européenne, son importance, ses causes, ses effets avec un appendice sur l'émigration Africaine, Hindoue et Chinoise*, Paris, décembre 1861.
Legoyt Alfred, *De la prétendue dégénérescence physique de la population française comparée aux autres populations européennes*, Paris, 1863.
Legoyt Alfred, *Du progrès des agglomérations urbaines et de l'émigration rurale en Europe et particulièrement en France*, Marseille, 1867.
Legoyt Alfred, article *Statistique* du *Dictionnaire encyclopédique des sciences médicales*. (Dechambre, 3 S., **11**, 1883, 531-601).
Leibnitz Gottfried Wilhelm, *Les nouveaux essais sur l'entendement humain*, Paris, s.d.
Lepecq de la Cloture, *Observations sur les maladies épidémiques*, Paris, 1776.
Le Play Frédéric, *Les ouvriers européens*, Paris, 1855.
Lombard Henri-Clermond, *Traité de climatologie médicale : comprenant la météorologie médicale et l'étude des influences physiologiques, pathologiques, prophylactiques et thérapeutiques du climat sur la santé*, Paris, 1877-1880
Lombard Henri-Clermond, *Atlas de la distribution géographique des maladies dans leurs rapports avec les climats*, Paris, 1880.
Lottin Joseph, *Quetelet statisticien et sociologue*, Louvain, Paris, 1912.
Louis, Pierre Charles Alexandre, *Recherches sur les effets de la saignée dans quelques maladies inflammatoires, et sur l'action de l'émétique et des vésicatoires dans la pneumonie*, Paris, 1835.
Mahé J.B., Géographie médicale, Dechambre, *Dictionnaire encyclopédique des sciences médicales*, 4e série, **8**, Paris, 1882.

Malarce A. de, Les origines de la Société de statistique de Paris, *Journal de la société de statistique de Paris,* **35**, 1894, 68-77.
Mayer Roger, Un précurseur méconnu : Marc Jacob D'Espine et la statistique médicale ; download from Brill. com, s.d. *; Dictionnaire historique de la Suisse,* 2010.
Mentré F., *Cournot et la renaissance du probabilisme au XIXe siècle*, Paris, 1908.
Messance Louis, *Recherche sur la population des généralités d'Auvergne, de Lyon, de Rouen et de quelques provinces et villes du royaume...*, Lyon, 1766.
Messance Louis, *Nouvelles recherches sur la population de la France avec des remarques importantes sur divers objets d'administration…*, Lyon, 1788.
Michel George, *Histoire de Vauban*, Paris, 1879.
Mirabeau Victor, *L'ami des hommes* …1756, 1758, 1760.
Moheau Jean-Baptiste, *Recherches et considérations sur la population de la France*, Paris, 1778.
Mols Roger, *Introduction à la démographie des villes d'Europe du XIVe au XVIIIe siècle*, Paris, 1954-1956.
Montchrétien Antoyne de, *Traicté de l'économie politique*, Paris, 1889.
Montesquieu, *Lettres persanes publiées avec une introduction par Jacques Bainville*, Paris, 1931.
Moreau de Jonnès Alexandre, *Eléments de statistique comprenant les principes généraux de cette science et un aperçu historique de ses progrès,* Paris, 1847.
Moreau de Jonnès Alexandre, *Statistique des peuples de l'Antiquité, les Égyptiens, les Hébreux, les Grecs, les Romains et les Gaulois*, Paris, 1851.
Necker, *De l'administration des finances de la France*, 1784.
Obermann Karl, Quelques données statistiques sur les états de la confédération germanique dans la première moitié du XIXe siècle, *Annales de démographie historique*, 1966, 79-95.
Orain Arnaud, Condillac face à la physiocratie. Terre, valeur et répartition, *Revue économique,* **53**, 5, 2002.
Oriol Jean-Claude, Éléments d'histoire de la statistique, HAL, 2010.
Petty William, *Several essays in political arithmetic*, Londres, 1699.
Parent-Duchatelet A.J.B., *Hygiène publique ou mémoires sur les questions les plus importantes de l'hygiène...*, Paris, 1836.

Pascal, *Œuvres complètes*, Pléiade, Paris, 1969.
Pearson Karl, *The chances of death and other studies in evolution*, Londres, 1897.
Pearson Karl, *La grammaire de la science. La physique ... traduit sur la troisième édition anglaise par Lucien March ...*, Paris, 1912.
Peuchet Jacques, *Statistique élémentaire de la France, contenant les principes de cette science et leurs applications à l'analyse de la richesse, des forces et de la puissance de l'Empire français, à l'usage des personnes qui se destinent à l'étude de l'administration*, Paris, 1805.
Platter, *Mémoires de Felix Platter, médecin bâlois* imprimées à Genève en 1866.
Poisson S.D., *Recherches sur la probabilité des jugements en matière criminelle et en matière civile précédées des règles générales du calcul des probabilités*, Paris, 1837.
Poullin Marcel, *Vauban, l'ingénieur, l'économiste*, Limoges, 1891.
Quesnay François, Dupont de Nemours, *Physiocratie ou constitution naturelle du gouvernement le plus avantageux au genre humain,* Leyde, 1768 et *Discussions et développements sur quelques-unes des notions de l'économie politique pour servir de seconde partie au recueil intitulé : Physiocratie,* Leyde, 1767.
Quetelet A., *Sur l'homme et le développement de ses facultés ou essai de physique sociale*, Paris, 1835.
Quetelet, *Théorie des probabilités*, Bruxelles, 1853.
Rayer P., *Histoire de l'épidémie de suette miliaire qui a régné, en 1821, dans les départements de l'Oise et de Seine-et-Oise ...*, Paris, 1822.
Rayer P., *Discussion* sur la statistique médicale, *Bulletin de l'Académie royale de médecine*, **1**, 778-788, 1836.
Ricardo David, *Des principes de l'économie politique et de l'impôt*, Paris, 1817.
Risueno d'Amador Bénigne-Jean-Joseph-Isidore, *Mémoire sur le calcul des probabilités appliqué à la médecine, lu à l'Académie royale de médecine dans sa séance du 25 avril 1837*, Paris, 1837.
Romi, *Maisons closes, art, histoire, littérature, mœurs*, Paris, 1952.
Rumsey Henry Wyldbore, *Essays and papers on some fallacies of statistics concerning life and death, health and diseases*, Londres, 1875.

Samueli Jean-Jacques, Legendre et la méthode des moindres carrés, Bibnum Paris, 2010.
Sandell Rolf, Une perspective dans la durée. Résultats à long terme des psychanalyses et des psychothérapies de longue durée, *Le carnet psy*, 2002, 74, 25-37.
Saugrain Claude Marin, *Dénombrement du royaume par généralités, élections, paroisses et feux*, Paris, 1709.
Say Jean-Baptiste, *Lettres à M. Malthus sur différens sujets d'économie politique notamment sur les causes de la stagnation générale du commerce*, Paris, 1820.
Say Jean-Baptiste, Traité d'économie politique ou simple exposition de la manière dont se forment, se distribuent et se consomment les richesses, Paris, 1876.
Schwartz Daniel, *Méthodes statistiques à l'usage des médecins et des biologistes*, Paris, 1984.
Semmelweis, *Die Aetiologie, der Begriff und die Prophylaxis des Kindbettfiebers,* Vienne, 1861.
Simpson Thomas, *The nature and laws of chance,* 1740.
Simpson Thomas, *The doctrine of annuities and reversions deduced from general and evident principles with useful tables shewing the values of single and joint lives, & at different rates of interest to whiche is added a method of investigating the value of annuities by approximation, without the help of tables, the whole explained in a plain and simple manner, and illustrated by great variety of examples*, Londres, 1762.
Snow John, *On the mode of communication of cholera*, Londres, 1849.
Souberbielle, *Renseignements adressés à l'Académie des sciences sur quelques points de la statistique des affections calculeuses présentée par M. Civiale*, Paris, 1833.
Stevin Simon, *Les œuvres mathématiques ... ou sont insérées les mémoires mathématiques esquelles s'est exercé le Très Haut & Très-illustre Prince Maurice de Nassau ...*, Leyde, 1634.
Stigler Stephen M., *The history of statistics. The measurement of uncertainty before 1900*, Cambridge, 1986.
Struyck Nicolas, *Les oeuvres de Nicolas Struyck, 1687-1769, qui se rapportent au calcul des chances, à la statistique générale, à la statistique des décès et aux rentes viagères tirées des oeuvres complètes et traduites du hollandais par J.A. Vollgraff, et offertes*

aux membres du septième congrès international d'actuaires, réunis à Amsterdam en septembre 1912 par la Société générale néerlandaise d'assurances sur la vie et de rentes viagères.
Tardieu Ambroise, *Dictionnaire d'hygiène publique et de salubrité ou répertoire de toutes les questions relatives à la santé publique,* **4**, Paris, 1862.
Tite-Live, *Histoire romaine, Traduction nouvelle par MM. A.A.J. Liez*, **11**, Paris, 1834.
Trousseau Armand, 2e lettre à Pierre Bretonneau, Sur la dentition des enfants à la mamelle et sur les accidents qui l'accompagnent, *Journal des connaissances médico-chirurgicales,* N° 5, novembre 1841.
Trousseau Armand, *Clinique Médicale de l'Hôtel Dieu,* Introduction, Paris, 1861.
Vauban, *Méthode générale et facile pour faire le dénombrement des peuples*, Paris, 1686.
Vauban, *Projet d'une dixme royale : qui supprimant la taille, les aydes, les doüanes d'une province à l'autre, les décimes du Clergé, les affaires extraordinaires ; & tous autres impôts onéreux & non volontaires : Et diminuant le prix du sel de moitié & plus, produiroit au Roy un revenu certain et suffisant, sans frais, & sans être à charge à l'un de ses sujets plus qu'à l'autre, qui s'augmenteroit considérablement par la meilleure culture des terres*, 1707.
Vessereau André, *La statistique*, Paris, 1947.
Villermé Louis R., Des épidémies sous les rapports de l'hygiène publique, de la statistique médicale et de l'économie politique, *Annales d'hygiène publique et de médecine légale*, **1**, 09, 1833.
Voltaire, *Œuvres complètes ..., avec des notes et une notice historique sur la vie de voltaire,* **7**, *Dictionnaire philosophique* **1**, Paris, 1835 ; **11**, *Correspondance*, Paris, 1837.
Wieger Friedreich, Des moyens prophylactiques mis en usage au Grand Hôpital de Vienne contre l'apparition de la fièvre puerpérale : notice communiquée par M.F. Wieger, chef des cliniques de la Faculté de Strasbourg, *Gazette médicale de Strasbourg*, 9e année, 20 avril 1849, **4**, 399-405.

Table des matières

Avant-propos 7

Antiquité 11

Moyen Âge 19

Renaissance : Bodin, Platter, Froumenteau, Stevin **25**

XVIIe siècle 33
France : Montchrétien, Pascal, Vauban… 33
Angleterre : Graunt, Petty, Halley 40
Pays-Bas : Huygens... 42
Allemagne : Conring, Leibnitz 43

XVIIIe siècle 45
France : les abbés Expilly et Messance. Moheau, Deparcieux, Mirabeau, Saugrain, Arnoult... 47
Etienne Bonnot de Condillac, le faux Physiocrate 52
Trois authentiques physiocrates : Quesnay, Mirabeau, Dupont de Nemours 55
Deux archivistes 61
La Terreur et le Directoire.. 62
D'Alembert, Diderot, Condorcet, Lavoisier, Brion de Latour, Buffon, La Michodière.. 64
Voltaire 73
Angleterre : Arbuthnot, Jurin, Playfair, Malthus......................... 75
Pays-Bas : Kerssboom …Voltaire, sans oublier Struyck ! 82
Allemagne : Süssmilch, Crome 84
Suisse : Euler, Bernouilli, Ballexserd, et Necker… 87

XIXe siècle 95
L'Europe et l'Amérique du Nord 95
France 95
Allemagne 99
Autres pays d'Europe 100
Amérique du Nord 107

Les matheux, les actuaires, les juristes, les sociologues et les économistes 108
France : Laplace, Chaptal, Moreau de Jonnès, Legoyt, Poisson, Cournot, Cheysson et Durkheim 108
Legendre et Gauss : la querelle du siècle 123
Angleterre : Booth, Farr, Galton, Edgeworth 126
Pearson et Yule 129
Allemagne : Hassel, Engel, Böckh, Lexis, Weber, Marx 131
Belgique : Quetelet 135
Suisse : Duvillard 139

Médecins 140
France : Villermé, Louis, Parent-Duchâtelet, Rayer, Risueno, Guéneau de Mussy, Bouillaud 140
Gavarret contre Risueno et Double. Civiale, Valleix 162
Achille Guillard, Louis et Jacques Bertillon 174
Autriche-Hongrie : Semmelweis 179
Allemagne : du fixisme de Mühry au dynamisme de Hirsch et à l'universalisme de Körösi 185
Angleterre : Hawkins, Farr, Snow 186
Suisse : Lombard, D'Espine 188
Etats-Unis : Alexander Hill Everett, John Shaw Billings, Charles Benedict Davenport 190

Méthodes de publication 193
Méthode numérique 193
Méthode graphique 194

Conclusion 207
Bibliographie 213

Structures éditoriales du groupe L'Harmattan

L'Harmattan Italie
Via degli Artisti, 15
10124 Torino
harmattan.italia@gmail.com

L'Harmattan Hongrie
Kossuth l. u. 14-16.
1053 Budapest
harmattan@harmattan.hu

L'Harmattan Sénégal
10 VDN en face Mermoz
BP 45034 Dakar-Fann
senharmattan@gmail.com

L'Harmattan Cameroun
TSINGA/FECAFOOT
BP 11486 Yaoundé
inkoukam@gmail.com

L'Harmattan Burkina Faso
Achille Somé – tengnule@hotmail.fr

L'Harmattan Guinée
Almamya, rue KA 028 OKB Agency
BP 3470 Conakry
harmattanguinee@yahoo.fr

L'Harmattan RDC
185, avenue Nyangwe
Commune de Lingwala – Kinshasa
matangilamusadila@yahoo.fr

L'Harmattan Congo
67, boulevard Denis-Sassou-N'Guesso
BP 2874 Brazzaville
harmattan.congo@yahoo.fr

L'Harmattan Mali
ACI 2000 - Immeuble Mgr Jean Marie Cisse
Bureau 10
BP 145 Bamako-Mali
mali@harmattan.fr

L'Harmattan Togo
Djidjole – Lomé
Maison Amela
face EPP BATOME
ddamela@aol.com

L'Harmattan Côte d'Ivoire
Résidence Karl – Cité des Arts
Abidjan-Cocody
03 BP 1588 Abidjan
espace_harmattan.ci@hotmail.fr

Nos librairies en France

Librairie internationale
16, rue des Écoles
75005 Paris
librairie.internationale@harmattan.fr
01 40 46 79 11
www.librairieharmattan.com

Librairie des savoirs
21, rue des Écoles
75005 Paris
librairie.sh@harmattan.fr
01 46 34 13 71
www.librairieharmattansh.com

Librairie Le Lucernaire
53, rue Notre-Dame-des-Champs
75006 Paris
librairie@lucernaire.fr
01 42 22 67 13

www.ingramcontent.com/pod-product-compliance
Lightning Source LLC
LaVergne TN
LVHW011033061026
849535LV00006B/2072